本书的视频制作得到了"乡村振兴战略下'三农'融合出版探索"项目的资助

扫码看视频·病虫害绿色防控系列

常见中药材病虫害绿色防控彩色图谱

全国农业技术推广服务中心　组编

卓富彦　刘万才　赵中华　主编

中国农业出版社
北　京

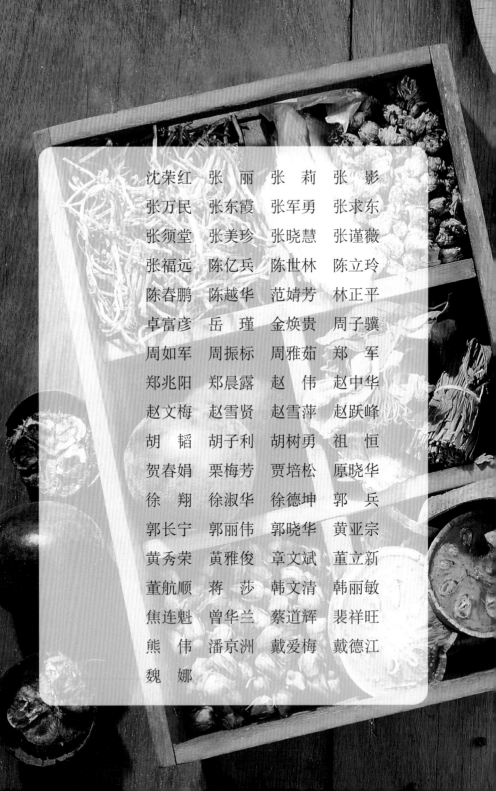

沈荣红　张　丽　张　莉　张　影
张万民　张东霞　张军勇　张求东
张须堂　张美珍　张晓慧　张谨薇
张福远　陈亿兵　陈世林　陈立玲
陈春鹏　陈越华　范婧芳　林正平
卓富彦　岳　瑾　金焕贵　周子骥
周如军　周振标　周雅茹　郑　军
郑兆阳　郑晨露　赵　伟　赵中华
赵文梅　赵雪贤　赵雪萍　赵跃峰
胡　韬　胡子利　胡树勇　祖　恒
贺春娟　栗梅芳　贾培松　原晓华
徐　翔　徐淑华　徐德坤　郭　兵
郭长宁　郭丽伟　郭晓华　黄亚宗
黄秀荣　黄雅俊　章文斌　董立新
董航顺　蒋　莎　韩文清　韩丽敏
焦连魁　曾华兰　蔡道辉　裴祥旺
熊　伟　潘京洲　戴爱梅　戴德江
魏　娜

前言
PREFACE

　　中药材是我国中医药体系重要的组成部分，中药材质量直接关系着人民身体健康和生命安危。近年来，随着中医药行业的发展壮大，中药材的需求量持续增加，野生资源也日益匮乏，大宗常用中药材的来源逐渐以人工种植为主。因此，推动中药材的科学栽培对促进中医药事业发展、全面推进乡村振兴都具有重要意义。当前，中药材生产管理上的病虫害防治知识普及和技术推广还存在一定的短板，导致了农药等投入品的不合理使用，造成了药材产量、品质下降和农药残留超标等问题，严重制约了中药材产业的高质量发展。

　　为此，我们根据各地中药材人工种植情况，按照药用部位，遴选出常用的人工种植的中药材40种，针对其常发、重发的主要病虫害，分别从识别诊断、发生特点、防治措施等方面进行图文介绍，旨在为中药材病虫害绿色防控提供技术指导和防治参考借鉴。

　　本书在编写过程中得到了全国农业技术推广服务中心领导和专家的悉心指导，也得到了各省、自治区、直辖市植物保护（植物检疫、农业技术）站（总站、中心）以及各市（县）植物保护站的大力支持，在此一并表示感谢。

　　鉴于药用植物农药登记的现状，书中提及的化学农药仅在病虫害大面积暴发为害而采取应急防控时作为参考，日常生产使用应遵守国家有关规定。由于时间和能力有限，书中难免出现疏漏和不足之处，恳请读者批评指正。

编　者

2023 年 10 月

目 录
CONTENTS

说明：本书的内容编写和视频制作时间不同步，两者若表述不一致，以本书文字内容为准。

第一章

根茎类

第一节 人 参

人参（*Panax ginseng*）为五加科人参属多年生草本植物，有"活化石"之称，以根、茎、叶及果实入药，具有补充元气、益气延年、复脉强身等功效。目前，吉林、辽宁、黑龙江等省份栽培面积较大，河北、山西、山东等省份有少量引种。主要病虫害有猝倒病、立枯病、黑斑病、疫病、灰霉病、菌核病、根腐病、锈腐病、炭疽病、地下害虫等。

人参猝倒病

人参猝倒病是人参苗期的一种灾害性病害，大部分种植区皆有发生，严重时可使参苗成片倒伏死亡。

田间症状 发病部位一般为幼苗近地表处的茎基部。染病部初期呈水渍

人参猝倒病田间症状

状、青褐色，幼茎很快纵向缢缩成线状，病叶绿色，尚未萎蔫时即倒伏，故称"猝倒病"。条件适宜时，病部及附近床土表面长出白色棉絮状菌丝。发病严重的田块呈现"秃斑状"死苗区。

发生特点

病害类型	真菌性病害
病原	德巴利腐霉（*Pythiumde baryanum*）
越冬场所	以菌丝体和卵孢子在土壤中或病残体上越冬
传播途径	通过风雨和流水传播
发病规律	在低温、高湿、土壤通气不良、苗床植株过密的条件下易发病

防治措施 播种前以预防为主，田间发现病株要立即防治。

1. 健身栽培 播种不宜过密，参棚排水良好，适时通风降湿。

2. 畦面消毒 早春参苗出土前需进行土壤消毒，可用精甲·噁霉灵喷洒床面，杀死越冬病菌。

3. 病株处理 发现病株要立即拔除，病土用相应药剂消毒，发现病区用甲霜灵等药剂隔离，全田喷施。

人参立枯病

人参立枯病在人参苗期发生普遍，是人参苗期的重要病害之一。

田间症状 主要为害幼苗茎基部。发病初期病斑为梭形，且大多有黄褐色斑点，从茎基部向内逐渐凹陷，形成褐色环状缢缩，导致基叶萎蔫，幼苗站立枯死，故名"立枯病"。受害严重时，可造成参苗成片枯死，损失严重。

人参立枯病病苗

发生特点

病害类型	真菌性病害
病原	立枯丝核菌（*Rhizoctonia solani*）
越冬场所	以菌丝体、菌核在土壤中或病残体上越冬
传播途径	通过雨水、灌溉水及农事操作传播
发病规律	土壤板结，种植过密，春季温度连续偏低、湿度大时极易感染该病。一般6月上旬至中旬开始发生，6月下旬至7月上旬为盛期，7月中旬基本停止

防治措施 播种前以预防为主，田间发现病株要立即处理。

1. 健身栽培 通过松土、降低土壤湿度、提高地温等农业措施给参苗提供较好的生长环境。

2. 种子消毒 可用2.5%咯菌腈悬浮剂包衣消毒。

3. 土壤（畦面）消毒 播种、移栽前可用3亿CFU/克哈茨木霉菌5～6克/米²进行土壤浇灌处理。

4. 病株处理 发病后及时灌根或立即拔除，病土用相应药剂消毒。用精甲·噁霉灵浇灌病区周围，使药液渗入床土5厘米深，可有效控制病害蔓延。

人参黑斑病

田间症状 叶片感病初期呈黄褐色水渍状病斑，后变褐色、黑色，多呈不规则形，大小不一。病斑中心色淡，外缘有轮纹，外缘多呈淡黄色晕圈。病斑上有黑色霉层。发病严重时导致叶片脱落。茎、叶柄、花梗、果柄上发病，开始病斑为淡黄色条斑，向上向下扩展，逐渐中间凹

人参黑斑病病叶

陷变黑，生出黑色霉层，发病严重时植株折倒状，病株上部干枯凋萎，果实籽粒干瘪。

发生特点

病害类型	真菌性病害
病原	人参链格孢（*Alternaria panax*）
越冬场所	以菌丝体和分生孢子在人参地上部病残体上、土壤中或种子表面越冬
传播途径	通过风雨传播
发病规律	分生孢子萌发最适温度为15～25℃，相对湿度达90%以上的环境下发病率较高。高温多雨利于发病，一般在5月下旬开始发生，7～8月为发病盛期

防治适期 以预防为主，可于人参展叶时开始喷药，现蕾开花期及掐花后及时喷药，防止从掐断的花梗处感染病菌。

防治措施

1.健身栽培 合理调光，及时修整漏雨参棚；在人参出苗前用铜制剂进行床面消毒；春秋两季要将床面上枯萎的人参植株及时清除，集中处理；夏季经常检查田间，发现病叶马上摘除。

2.药剂防治 防治适期可用苯醚甲环唑和多抗霉素等药剂进行防治，也可用异菌脲、枯草芽孢杆菌和丙环唑等药剂。茎叶喷雾时，要注意喷药均匀周到，叶的正面及背面都要喷到。

人参疫病

人参疫病是人参成株期的主要病害，可侵染人参的根、茎及叶。

田间症状 发病初期在嫩茎或叶柄基部出现水渍状暗绿色不规则形病斑，无明显边缘。病斑迅速扩展腐烂，使整个复叶萎蔫下垂。根部被害时，发病部位呈黄褐色水渍状病斑，逐渐扩展，进而软化、腐烂，如烂土豆状溃烂，根皮很易剥离，散发出腥臭味，后期病部生白色菌丝，常粘有土粒。根部发病后常与杂菌或镰刀菌等混合侵染，症状与细菌性软腐病或根腐病相似。

人参疫病症状

发生特点

病害类型	真菌性病害
病原	恶疫霉菌（*Phytophthora cactorum*）
越冬场所	以菌丝体和卵孢子在病残体和土壤中越冬
传播途径	通过风雨传播
发病规律	在东北，6月开始发病，雨季为发病盛期。种植密度过大、通风透光差、土壤板结、氮肥过多有利于发生

防治适期 以预防为主，播种前进行种子和土壤处理，于发病前或发病初期防治。

防治措施

1.田间管理　参床最好覆盖落叶、稻草、麦秆等，防止参床温度过高，保持参床通风排水良好；及时清除病株，将病株穴用生石灰等进行消毒，防止病害蔓延。

2.药剂防治　用噻虫·咯·霜灵种子包衣剂进行预防，配制好的药液前或发病应在24小时内使用，包衣后的种子应及时催芽播种；发病时，喷洒霜脲·锰锌、烯酰·锰锌、双炔酰菌胺或代森锰锌等药剂。

人参灰霉病

田间症状　发病初期叶部出现水渍状灰褐色病斑，多从叶尖或叶缘开始侵染，后病斑迅速扩展，呈倒 V 形，而后叶片正面、背面生出灰色霉层。发病后期病斑组织坏死，易破碎脱落，叶片穿孔。茎部首先出现水渍状小点，逐渐扩展为浅褐色长圆形或不规则形，严重时病部以上茎叶枯死，产生大量霉层。柱头或花瓣被侵染后，向果实或果柄扩展，受害果实不能成熟产籽。

人参灰霉病田间症状

发生特点

病害类型	真菌性病害
病原	灰葡萄孢（*Botrytis cinerea*）
越冬场所	以菌丝体、分生孢子在病残体或土壤中越冬
传播途径	通过气流、雨水传播
发病规律	高湿低温利于发病，棚架过低，通风性差加重病害发生，植株伤口有利于病菌侵入

防治适期 连续阴雨天停雨后，以及发病前或发病初期施药。

防治措施

1.健身栽培 选择排水良好的地块栽参，合理调节光照，及时修整漏雨参棚，调整小气候，防止人参周围空气湿度过大。

2.药剂防治 可选用木霉菌、嘧霉胺、枯草芽孢杆菌、嘧菌环胺、腐霉利等药剂。若遇连续阴雨天，要及时打药防治。

人参菌核病

田间症状 病部初期产生水渍状黄褐色斑块，病斑表面很快生出白色棉絮状菌丝体，致使发病组织变灰褐色软腐，仅存外皮和内部纤维组织。后期烂根，表面空腔及根颈部均有不规则黑色菌核。发病初期地上部分与健株无明显区别，后期地上部分表现萎蔫，植株易从土中拔出。严重时可使整床参根烂掉。

人参菌核病根部症状

发生特点

病害类型	真菌性病害
病原	人参核盘菌(*Sclerotinia ginseng*)
越冬场所	以菌核在土壤中或病根上越冬
传播途径	不详
发病规律	地势低洼、土壤板结、排水不良、低温高湿以及氮肥过多是人参菌核病发生和流行的有利条件。病菌系低温菌，从土壤解冻到人参出苗为发病盛期。在东北地区，4～5月为发病盛期，6月以后，气温上升，基本停止发病。9月中、下旬，温度降到6～8℃，病害又有所发展

防治适期　播种或移栽前预防，发病初期药剂防治。

防治措施

1.土壤调理及消毒　可通过接入有益菌或使用生物有机肥等抑制病菌繁殖。每年早春结合施肥施入留老根参肥等；易发病区应进行土壤消毒，用噁霉灵浇灌畦面，每平方米用药液0.3千克，随着雨水均匀渗入土中。

2.健身栽培　①注意防旱、排涝，保持适宜的土壤湿度，及时挖好排水沟，严防雨水漫灌参床，高温多雨季节注意排水和通风。②及时松土、除草，减少土壤板结。

3.药剂灌根　发现病株及时挖除，并用药剂浇灌隔离，控制蔓延。

人参根腐病

田间症状　主要为害幼苗根部和根茎部，腐烂的根呈黑褐色湿腐状，后期糟朽状，仅存中空的根皮。被害参苗地上部初期无明显症状，中后期叶片褪绿变黄，最后萎蔫死亡。

人参根腐病病株

发生特点

病害类型	真菌性病害
病原	腐皮镰刀菌（*Fusarium solani*）和尖孢镰刀菌（*F. oxysporium*）
越冬场所	以菌丝体和厚垣孢子在土壤中越冬
传播途径	通过雨水、流水以及带菌堆肥传播。镰刀菌主要从伤口侵入，侵入后在病部繁殖产生新的病菌，继续进行再侵染，扩大为害
发病规律	一般3年生以上人参被害较重

防治适期 播种、移栽前预防，发病初期药剂防治。

防治措施

1. 健身栽培 ①注意防旱、排涝，保持适宜的土壤湿度。及时挖好排水沟，严防雨水漫灌参床。②及时松土、除草，减少土壤板结。

2. 土壤消毒 在人参播种移栽定植前用10亿芽孢/克枯草芽孢杆菌浇灌2～3克/米^2，共浇灌2次；或浇灌噁霉灵处理土壤。

3. 种子消毒 播种前用精甲·噁霉灵浸种。

4. 病区处理 发现病株及时挖除，并对病区进行药液浇灌隔离。可用异菌·氟啶胺在发病时喷淋。

人参锈腐病

田间症状 参根受害，初为黄褐色小斑点，后随病情扩展，表现为近圆形或不规则形病斑，病部微凹陷，病健交界处明显。病情发生为害较轻时，参根表皮完好，不深入参根内部；如受害严重，参苗死亡，造成缺苗。

人参锈腐病根部症状

发生特点

病害类型	真菌性病害
病原	柱孢属真菌（*Cylindrocarpon* spp.）
越冬场所	以菌丝体和厚垣孢子在宿根和土壤中越冬
传播途径	通过病残体、土壤等传播
发病规律	带菌率随着根龄的增长而增高，参根的抗病力随着参龄的增长而下降，病菌具有潜伏侵染的特点，当土壤温湿度有利时潜伏的病菌就扩展致病。土壤黏重、板结、积水、酸性以及肥力不足均易发病

防治适期　非化学防治在播种或移栽前进行，化学防治在栽参前和发现病株后进行，生物防治在秋季进行。

防治措施

1.健身栽培　①认真选地。要选高燥、通风、排水良好的参地。②栽参前土壤要经过熟化，精细整地做床，清除树根等杂物，移栽时施入鹿粪等有机土壤添加剂。③精选参苗。移栽参苗要严格挑选无病、无伤残的栽种，以降低侵染概率。

2.化学防治　①种子包衣。可用噻虫·咯·霜灵进行种子包衣。②土壤处理。播种或移栽前用多菌灵进行土壤消毒。③清除病株及消毒。发现病株及时挖掉，用生石灰对病穴周围的土壤进行消毒，发病期用50%多菌灵可湿性粉剂5 ～ 10克/米^{2}浇灌病穴，可在一定范围内抑制病害的蔓延。

3.生物防治　哈茨木霉制剂对该病病菌有较强的抑制作用。具体方法如下：于夏秋季在畦床铺8 ～ 10厘米厚的蒿草，接种哈茨木霉100 ～ 200克，堆上6 ～ 8厘米厚的畦土，蒿草与土壤交互分层压制绿肥，顺序交互重复3次。最后将表层压紧，密封3个月，于栽参前1周将各层蒿草捣碎，与畦土充分拌匀后栽参，防效显著。

人参炭疽病

田间症状　主要为害人参的茎、叶及种子。叶部病斑圆形或近圆形，初为暗绿色小斑点，逐渐扩大，一般直径为2～5毫米，大者可达15～20毫米。病斑边缘明显，呈黄褐色或红褐色眼圈状。后期，病斑的中央呈黄白色，并生出黑色小点。干燥后病斑质脆，易破裂或穿孔。病情严重时，病斑多而密集、连片，常使叶片枯萎且提早落叶。茎和花梗上病斑呈长圆形，边缘暗褐色。果实和种子上的病斑呈圆形，褐色，边缘明显。

人参炭疽病叶部症状

发生特点

病害类型	真菌性病害
病原	炭疽菌属真菌（*Colletotrichum* spp.）
越冬场所	以菌丝体和分生孢子在病残体和种子上越冬
传播途径	通过风雨、农事操作等传播
发病规律	一般高温多雨有利于发病，病菌可以从伤口和自然孔口侵入，但在自然条件下，以直接侵入为主。在我国东北地区6月下旬开始发病，7～8月为害较重

防治适期 早春撤去防寒土后进行预防，化学防治在参苗展叶后进行。

防治措施

1.健身栽培 ①通过调节参棚光照等措施，创造良好的光照、通风环境，以降低棚内温、湿度，减少发病及再侵染的概率。②入冬前搞好清园，清除枯枝残叶。③注意选用无病种子。

2.床面消毒 早春撤去防寒土后，用50%多菌灵200倍液进行床面消毒。

3.药剂喷雾 参苗展叶后选用30%唑醚·戊唑醇1 500～2 000倍液等药剂交替喷雾。

第二节 三 七

三七（*Panax notoginseng*）属五加科伞形目，素有"南国人参"之称，入药部位为干燥根茎，有化瘀止血、活血定痛的功效。三七主产于我国云南、广西，在四川、贵州、湖北和江西也有栽培，三七是中外驰名的"云南白药"的主要原料。主要病虫害有圆斑病、黑斑病、疫病、根腐病以及地下害虫等。

三七圆斑病

田间症状 三七的根、茎、芽、叶、叶柄、花、果等均能被侵染，但以茎、叶受害较重。叶片病斑初期呈水渍状，而后变为黑褐色圆形，有明显轮纹，病健部交界处可见黄色晕圈，最后病斑合并，叶片脱落或腐烂。叶柄和枝条受害，病斑则呈暗褐色水渍状缢缩。茎秆受害后，从褐色病斑处折垂。潮湿环境下病斑表面生稀疏白色霉层，即孢子层。发病初期，病株零星发生，中后期有明显发病中心。

三七圆斑病叶部症状

发生特点

病害类型	真菌性病害
病原	槭菌刺孢（*Mycocentrospora acerina*）

(续)

越冬场所	以菌丝和厚垣孢子在土壤或病残体内越冬
传播途径	通过雨水传播
发病规律	发病期主要在雨季，5月为初发期，7～8月是发病高峰期。低温高湿易发病。当日均温度在21℃以下时，空气相对湿度达80%以上，持续2～3天小雨或日降水量达15毫米以上时，三七圆斑病即可发生，且发病率随产区海拔的升高而增加，主要集中在海拔1700米以上的高山地区

防治适期 5月注意预防，6～8月雨季是防治关键时期。

防治措施

1.农业防治 ①选择纯净不携带病菌的种子、种苗。②实行轮作。③及时清除种植区病残体和杂草。④雨季利用避雨棚挡雨，控制病害流行。

2.化学防治 可选用6%春雷霉素可湿性粉剂，在发病时喷雾施药，施药3次，每次间隔7～14天；或用50%唑醚·喹啉铜水分散粒剂防治，每季最多使用3次，每隔7～10天施药1次，注意轮换用药。

3.处理中心病株 发现中心病株时，连根挖出，带至三七园外销毁，病穴用生石灰处理。对病株周围50米范围内喷施代森锰锌等药剂，每隔7天喷1次，连喷3次。

三七黑斑病

田间症状 叶部受害时，初期呈水渍状近圆形、椭圆形褐色病斑，进而发展呈不规则形，后期肉眼可看到病斑上有黑褐色霉层，严重时往往造成叶片脱落。茎秆、叶柄和花轴受害时，往往造成发病部位缢缩、凹陷、扭折。

三七黑斑病叶部症状

发生特点

病害类型	真菌性病害
病原	人参链格孢（*Alternaria panax*）等
越冬场所	以分生孢子和菌丝在病残体、土壤中越冬
传播途径	远距离传播靠带病种子与种苗，近距离主要靠雨水传播
发病规律	在云南，一般有3个发生高峰期，分别在5月、7月中旬至8月下旬、9月下旬，每个高峰期随气候变化，依初次降雨时间不同提前或延后10天左右

防治适期 5月注意预防，7～9月是防治关键时期。

防治措施

1. 农业防治 参照三七圆斑病。

2. 药剂防治 ①拌种。选用啶氧菌酯在三七播种前进行拌种处理，每季最多使用1次。②喷雾。选用大蒜素或苯醚甲环唑在发病时进行喷雾，施药2～3次，施药间隔期7～10天，注意轮换用药。

三七疫病 ·············

田间症状 受害叶或叶柄呈暗绿色不规则形病斑，随后病斑颜色加深，患病部变软，叶片呈半透明状，后干燥或下垂黏在茎秆基部上。严重时，地上部迅速弯曲倒伏，茎、叶枯萎死亡。

三七疫病叶部症状

三七疫病花症状

发生特点

病害类型	真菌性病害
病原	恶疫霉菌（*Phytophthora cactorum*）
越冬场所	不详
传播途径	不详
发病规律	常在多雨季节发生，干旱少雨或天气转凉后发病减轻。病害始见于3～5月，终止时间为10月下旬至11月上旬，发病高峰期集中在4～5月和8～10月，有时会延至11月初

防治适期 4月注意预防，6～8月雨季是防治关键时期。

防治措施

1.农业防治　参照三七圆斑病。

2.药剂防治　选用氟醚菌酰胺于三七疫病发病时喷施，每隔7～10天喷1次，连续施药2次；或霜脲·氰霜唑喷雾，每隔7～10天喷1次，连喷3次，注意轮换用药。

三七根腐病 ······

田间症状 主要症状有黄腐型、干裂型、髓烂型、湿腐型、急性青枯型和茎基干枯型等，但以黄腐型和急性青枯型较为常见。患病三七地上部初期叶色泛黄，后期叶片下垂萎蔫，地下局部根系受害，严重时受害主根全部腐烂。

三七根腐病田间症状

发生特点

病害类型	真菌性病害
病原	柱孢霉属真菌（*Cylindrocarpon* spp.）
越冬场所	以菌丝或分生孢子在土壤、病株上越冬
传播途径	通过灌溉水、土壤耕作、带病种苗、未腐熟肥料等方式传播
发病规律	土壤酸化、土质黏重利于该病发生。连作地重于新栽地、高龄植株重于低龄植株。全年均可发生，发病高峰期主要集中在4～9月

防治措施

1.农业防治　①选择纯净不携带病菌的种子或种苗。②实行轮作。③及时清除种植区病株残体和杂草。④雨季利用避雨棚挡雨，控制病害流行。

2.化学防治　①种子处理。选用啶氧菌酯在三七播种前进行拌种处理，每季最多使用1次，或用精甲·噁霉灵种子处理剂在播种前浸种。②灌根。在苗期可使用精甲·嘧菌酯灌根1次。③植株喷淋。于病害发生前或初期可用枯草芽孢杆菌喷淋茎基部。也可选用异菌·氟啶胺在发病时喷淋施药，每季最多施药3次，每次间隔5～7天，安全间隔期21天。

第三节　西　洋　参

西洋参（*Panax quinquefolius*）为五加科人参属植物，入药部位为干燥根，常用于补气养阴、清火生津。西洋参主要分布在东北、华北、华中等地区。主要病虫害有立枯病、黑斑病、疫病、猝倒病、锈腐病、菌核病、灰霉病、炭疽病、根腐病、根结线虫病和地下害虫等。

西洋参立枯病 ·····························

田间症状 发病部位在幼苗茎基部，即在距表土3～6厘米的干湿交界处，病菌侵入幼茎后，在病部出现黄褐色凹陷长斑，后干缩，幼苗枯萎，倒伏枯死。种子受侵染时，因腐烂而不能萌发，造成缺苗断垄。

西洋参立枯病田间症状

发生特点

病害类型	真菌性病害
病原	立枯丝核菌（*Rhizoctonia solani*）等
越冬场所	以菌丝体或菌核在土壤或病残体上越冬
传播途径	通过雨水、灌溉水及农事操作传播
发病规律	吉林省一般于5月下旬到6月下旬发生，而山东省则在5月上旬到下旬发生，7月温度较高则停止发病。早春持续低温、土壤频繁干湿交替、参苗出土缓慢、幼苗过密、通风不良、幼苗徒长弱小易发病

防治适期 播种前进行土壤处理、种子消毒，5月上中旬进行化学防治，发现病株立即防治。

防治措施

1.科学播种 选用通透性好的沙壤土，确定适宜的播种密度，以10厘米×10厘米株行距为宜。

2.土壤处理 常用药剂有多菌灵、敌磺钠等，一般用药15克/米²左右，均匀撒于床面，拌入10厘米土层中。

3.种子消毒包衣 播种前用多菌灵或精甲·噁霉灵浸种20～30分钟，然后用咯菌腈或噻虫·咯·霜灵种衣剂包衣，可较好防治立枯病。

4.畦面消毒 播种后，将畦面整平，用多菌灵或噁霉灵2克/米²进行床面喷雾。

5.生长期防治 发现病株立即拔除，如果中心病株多，发病面积大，则应将病区病苗连同周围少数未发病的小苗一同拔除，并挖去此部分土壤，然后用药液浇灌。可用药剂有枯草芽孢杆菌、哈茨木霉菌、精甲·噁霉灵、井冈霉素、代森锌、敌磺钠或多抗霉素，交替使用，兑水喷雾（浇灌），使药液渗入土层3～5厘米深。

温馨提示

浇灌时应避免将药液溅到周围植株上，如溅到应立即用清水冲洗掉，以免发生药害。

西洋参黑斑病

田间症状 叶上病斑近圆形或不规则形，黄褐色或黑褐色，病斑中心色泽逐渐变淡，四周具锈褐色轮纹状宽边，湿度大时呈水渍状，病斑干燥后易破裂，阴雨天气病斑迅速扩展，数个病斑相互融合，致使叶片干枯脱落；茎上病斑椭圆形，黄褐色，渐向上、下扩展，后病斑中间凹陷变黑，上生黑霉，即病菌分生孢子梗和分生孢子，严重时病斑陷入茎内组织，致茎秆折倒。花梗发病后，花序枯死，果实与籽粒干瘪。果实受害时，表面产生褐色斑点，果实逐渐干瘪，病部生黑色霉状物，提前脱落，俗称"吊干籽"。严重时植株折垂、倒伏、病株上部干瘪枯萎，引起"倒秸子"。

西洋参黑斑病叶部症状

发生特点

病害类型	真菌性病害
病原	人参链格孢（*Alternaria panax*）
越冬场所	以营养菌丝体和分生孢子在病残体上越冬
传播途径	通过风雨、气流和人工机械损伤等途径传播扩散
发病规律	5月中旬到下旬开始发病，7～8月雨季为发病盛期，9月中下旬停止蔓延；一般1～2年生植株发病轻，3～4年生植株发病严重，且易造成多次侵染。降水量和空气湿度是西洋参黑斑病发生和流行的关键因素，7月中旬降水量超过80毫米，相对湿度在85%以上，平均气温15～25℃，病害易大流行

防治适期 非化学防治在秋季回苗后进行，化学防治当田间发现病叶时进行。

防治措施

1.健身栽培 ①合理密植，注意排水和通风。②生长期增施磷肥，促进植株健壮生长，提高抗病能力。③参棚透光度要均匀，覆盖物不宜太厚。④清洁田园，减少侵染源。秋季地上部分回苗后，将枯枝叶及床面杂草清除深埋。

2.土壤消毒 园内土壤表面用0.1%硫酸铜溶液喷雾消毒，注意只能喷雾，不能浇灌，以免发生药害。

3.种子消毒　播种时把种子用多菌灵或多抗霉素浸种20～30分钟，防止种子带菌。

4.生长期及时喷药预防　发现病株立即拔除，对其周围严加控制，防止蔓延。一般参苗出土展叶后至9月上旬为止，每7～10天喷药1次，可选用唑醚·氟酰胺、丙环唑、多抗霉素、代森锰锌、嘧菌酯、醚菌酯、异菌脲等，注意药剂交替轮换喷施，以免产生抗药性。

温馨提示

　　在展叶期，使用的药液浓度不宜过高，以免产生药害，生长期发现病株应及时清除，喷药一定要将叶面、叶背、茎秆、作业道、畦面都喷到。在多雨天，间隔时间要适当缩短，喷药后如果6小时以内遇雨，雨后应补喷1次。

西洋参疫病

田间症状　主要为害叶片、叶柄和根。初侵染时与黑斑病相似，叶片、叶柄染病初期病斑呈水渍状暗绿色，似水烫过，扩展后病部变为黑绿色，软化下垂。湿度大时，病部出现黄白色霉状物。根部染病呈黄褐色软腐状，根皮易剥离，参肉变成黄褐色，病部现深黄褐色花纹。腐烂的根常有细菌侵入，散发出腥臭味。

西洋参疫病叶部症状

发生特点

病害类型	真菌性病害
病原	恶疫霉（*Phytophthora cactorum*）
越冬场所	以菌丝体、分生孢子在土壤和病残体中越冬
传播途径	通过风雨、流水传播
发病规律	东北多在6～8月发生。高温高湿有利病害流行，平均气温20℃以上，相对湿度达70%以上，土壤湿度40%～50%，可使疫病大面积发生。参床土壤黏重、板结，氮肥过多，植株过密，通风不良时病害容易蔓延

防治适期 非化学防治在春季出苗前进行，化学防治当田间出现病叶时进行。

防治措施

1. 清洁参园　创造良好的通风、排水条件，秋季彻底清除病残体，搞好参园卫生，预防或减少疫病的发生。

2. 病株处理　及时拔除病株，在病穴处可用生石灰进行消毒。

3. 种子包衣　可用噻虫·咯·霜灵种衣剂对种子进行包衣处理。

4. 药剂防治　雨季开始前每7～10天喷氟醚菌酰胺、氨基寡糖素、烯酰吗啉、双炔酰菌胺、甲霜·霜霉威、霜脲·锰锌、氟吗·唑菌酯、霜脲·氰霜唑、敌磺钠或嘧啶核苷类抗菌素等药剂，注意轮换交替使用。

西洋参猝倒病

田间症状 发生初期在近地面处幼茎基部出现水渍状暗色病斑，很快即可扩展，茎部收缩、变软，最后植株倒伏死亡。在参床湿度大时，病部密生白色棉絮状霉层。

温馨提示

症状与西洋参立枯病相似，但西洋参立枯病发病初期，白天萎蔫，晚上又可恢复，这一点可区分西洋参立枯病和猝倒病。另外西洋参猝倒病病部较湿，拔起时一般不带土粒。

西洋参猝倒病田间症状

发生特点

病害类型	真菌性病害
病原	德巴利腐霉（*Pythium debaryanum*）
越冬场所	以卵孢子在土壤中越冬，在土壤中越冬的卵孢子能存活1年以上
传播途径	通过风雨、流水传播
发病规律	高温低湿、土壤通气不良、苗床植株过密等利于病害发生。东北地区5月下旬到6月下旬开始发生，南方地区3月下旬开始发生

防治适期 非化学防治在春季出苗前进行，化学防治当田间出现病株时立即进行。

防治措施

1.健身栽培 ①注意保证参床排水良好，通风透气，土壤疏松，避免湿度过大。②发现病株立即拔除，集中处理。

2.药剂防治 在生长期土壤喷施精甲·噁霉灵、代森锌或敌磺钠等药剂，注意轮换交替喷雾。

西洋参锈腐病

田间症状 主要侵染西洋参的根和茎。参根受害后，初期出现黄色至黄褐色小点，逐渐扩大为近圆形、椭圆形、不规则形铁锈状的黄褐色病斑，斑点边缘稍隆起，中部微陷，病健部界限明显。发病轻时，表皮完好，也不侵入参根内部组织；严重时，不仅破坏表皮，且深入参根内部组织，病斑处积聚大量锈粉，呈干腐状，停止发展后形成愈合疤痕。一般地上部无明显症状，严重时，地上部表现植株矮小，叶片不展，呈红褐色，最终枯萎死亡。越冬芽受害后，芽变黄褐色，腐烂后不能出苗。

西洋参锈腐病田间症状

发生特点

病害类型	真菌性病害
病原	柱孢属真菌（*Cylindrocrpon* spp.）
越冬场所	以菌丝体、分生孢子在土壤和越病残体中越冬
传播途径	通过带病种苗、病残体、土壤、昆虫、线虫等传播
发病规律	该病在东北地区一般5月开始发病，6～7月为发病盛期

防治适期 非化学防治在春季出苗前进行。

防治措施

1. 种苗处理　严格挑选无病、无伤、健康的植株做种苗，减少初侵染源，再用多菌灵或代森锌浸苗20～30分钟，稍晾干后再移栽，或用咯菌腈蘸根。

2. 病区消毒　发现病株立即拔除，并在病穴处用多菌灵、5%石灰水浇灌消毒。

3. 土壤处理　移栽前用多菌灵或甲基硫菌灵拌入土中。还可结合松土、施肥施入多菌灵、甲基硫菌灵等农药10克/米²左右进行预防，均能起到一定的防治效果。

4. 种子包衣　用噻虫·咯·霜灵进行种子包衣。

5. 生物菌剂　发病初期，可用3亿CFU/克哈茨木霉菌可湿性粉剂100～140克/亩*喷雾。

西洋参菌核病

田间症状 根部感病后，内部组织软腐，外部感染初期生出白色绒状菌丝体，以后在外部和内部均形成不规则鼠粪状黑色颗粒——菌核。后期内部组织腐败消解，只剩下外皮。

西洋参菌核病典型症状

发生特点

病害类型	真菌性病害
病原	人参核盘菌（*Sclerotinia schinseng*）

*亩为非法定计量单位，1亩≈667米²。——编者注

(续)

越冬场所	以菌核在病残体上和土壤中越冬
传播途径	通过风雨传播，菌丝可直接侵入
发病规律	一般在春秋两季低温多湿、地势低洼、排水不良、透气性差或氮肥过多时，该病易发生。早春当温度在2℃时，菌丝开始侵染发病，当温度在6～8℃时发病较重，超过15℃以上发病轻微或停止蔓延。当秋季9月中下旬扩展一段时间，温度再低就停止蔓延，形成菌核

防治适期 非化学防治措施在春秋季进行，化学防治在出苗前进行。

防治措施

1. 健身栽培 注意早春参地排水，勤松土，增加土壤透气性。

2. 移栽及出苗前防治 在移栽西洋参前，结合整地施肥、松土，每平方米土壤施入菌核净、多菌灵各10～15克。

3. 病株处理 生长期发现病株立即拔除，并用生石灰或1%～5%石灰水对病穴进行消毒。

西洋参灰霉病

田间症状 主要侵染参苗的地上部分茎叶、叶柄等，受害部位产生近圆形褐色病斑，表面着生灰色霉层，严重时腐烂，引起植株倒伏死亡，当地

西洋参灰霉病田间症状

上部分萎蔫时，根部还完好。

发生特点

病害类型	真菌性病害
病原	灰葡萄孢菌（*Botrytis cinera*）
越冬场所	以菌核、菌丝体在病残体上和土壤中越冬
传播途径	通过气流、雨水传播
发病规律	病菌喜低湿高温的环境，18～23℃、相对湿度90%以上、弱光照时易发病。早春天气连阴、气温低、湿度大、通风不及时、灌水不当发病重。气温低于15℃或高于25℃时显著减轻，高于30℃基本不发病。5月上中旬开始发病，6月中旬至8月中旬均为发病盛期

防治适期 非化学防治在春、夏季管理过程中进行，当田间发现病株时进行化学防治。

防治措施

1.健身栽培 ①及时通风，加强排水，防止参棚湿度过大。②可适当给叶面喷施0.5%磷酸二氢钾溶液，促使植株健康生长，提高抗病能力。③发现病株、病叶及时拔除，集中深埋处理。

2.药剂防治 发病时，可选用腐霉利、哈茨木霉菌、嘧霉胺、嘧菌环胺、乙霉·多菌灵、异菌脲、异菌·多菌灵等药剂轮换喷雾，每隔7～10天喷1次，连喷2～3次。

西洋参炭疽病

田间症状 主要为害西洋参的茎、叶和种子，叶片上病斑呈圆形或近圆形，初为暗绿色小斑点，直径2～5毫米，病斑边缘明显，呈黄褐色或红褐色眼圈状，后期中央呈黄白色，干燥后病斑质脆，易破裂或穿孔，严重时叶片易提早脱落。茎和花梗上病斑长圆形，边缘暗褐色。种子和果实上病斑圆形，褐色，边缘明显。多雨时病部易腐烂。

西洋参炭疽病田间症状

发生特点

病害类型	真菌性病害
病原	人参炭疽菌（*Colletotrichum panacicola*）
越冬场所	以分生孢子和菌丝体在病残体上越冬
传播途径	通过风雨传播
发病规律	温度24～25℃，相对湿度80%以上即可发病。在东北地区6月下旬开始发病，7～8月为发病盛期。降雨多，空气湿度大，利于病害的发生和流行

防治适期 非化学防治在播种前和春季进行，化学防治在展叶后7～10天进行。

防治措施

1.种子处理 选用无病种子，播种前用多菌灵或百菌清浸种20～30分钟。

2.健身栽培 ①通过调节参棚光照、加强通风等措施，降低棚内湿度。②清洁田园，及时拔除病株集中处理，减少发病和再侵染。

3.药剂防治 出土前用硫酸铜溶液进行床面消毒。展叶后7～10天交替喷施唑醚·戊唑醇、多抗霉素、代森锌。

西洋参根腐病

田间症状 主要为害根及地上部分，一般从主根下端开始侵染。在初期，参根表皮呈现棕褐色斑点，迅速向根的顶端发展并侵入内部，使大部分或整个参根腐烂，只剩下中空的根皮，并呈黑色湿腐状态。被侵染植株初期无明显症状，到中、后期叶片褪色变黄，萎蔫死亡。参茎被害较轻时，参苗虽不倒伏，但植株矮小，生长不良，叶片呈黄褐色或红褐色，植株极易拔起。

西洋参根腐病田间症状

发生特点

病害类型	真菌性病害
病原	镰刀菌属真菌（*Fusarium* spp.）
越冬场所	以菌丝体和分生孢子在病残体和土壤中越冬
传播途径	通过雨水或灌溉水传播
发病规律	生长期均可发生，7～9月是发病盛期。土壤黏重板结、积水多，发病重。植株种植过密，参棚过低，通风透光性差，湿度大，发病重

防治措施

1. 农业防治 ①轮作。与非寄主作物如玉米、烟草等轮作，可使病菌数量逐年减少，且轮作年限越长，病害越轻。②加强水肥管理。严格控制畦内水分，使土壤保持疏松状态，施入充分腐熟的农家肥，增施磷钾肥及微量元素，提高植株抗病力。

2. 化学防治 ①土壤处理。常用药剂有多菌灵、敌磺钠等，一般用药15克/米²左右，均匀撒于床面，拌入10厘米厚的土层中。②种子消毒。播种前用多菌灵或精甲·噁霉灵浸种20～30分钟，或用咯菌腈悬浮种衣剂拌种。③生长期病害控制。发现病株后及时拔除中心病株，地上喷药、地下灌根，病株或病区周围2～3米²用石灰水、多菌灵、异菌·氟啶胺等药液浇灌，控制蔓延。注意交替使用。

易混淆病害 根腐病与锈腐病的区别在于健康与病部交界处，根腐病无明显的隆起状边缘。

西洋参根结线虫病 ···

田间症状 主要为害根系，受害幼根遭受线虫分泌物的刺激，在侧根或须根上产生大小不等的乳黄色根结。田间病苗或病株轻者表现叶色变黄，须根较少；重者生长不良，明显矮化，叶片由下向上萎蔫枯死。线虫的侵入伤口可成为锈腐病、根腐病等病菌的侵入口，致使参苗生长势减弱，感染其他病害。

发生特点

病害类型	线虫性病害
病原	北方根结线虫（*Meloidogyne hapla*）和花生根结线虫（*M. arenaria*）
越冬场所	以卵、幼虫在病残体上或土壤中越冬
传播途径	通过人、畜、农具的携带传播，也可通过雨水和灌溉水传播
发病规律	10℃以上病原线虫开始发育。12℃以上侵染寄主。5月初开始发病，6月下旬至10月上旬为发病高峰期

防治适期 在播种或移栽前进行土壤处理。

防治措施

1.健身栽培 ①西洋参前茬以小麦、玉米、苜蓿、紫苏等作物为宜，不宜选择花生、蔬菜、烟草、马铃薯，未经休养的地块不宜种植西洋参。②种植前进行养地，要选用清洁的有机肥，如发酵后的豆粕、淀粉渣、木薯渣、糠醛渣、蘑菇渣、作物秸秆等，不用未经充分发酵腐熟的有机肥。③养地时可种植能驱避线虫作物，如芦笋、紫背天葵、万寿菊、孔雀草等。④在土壤中补充枯草芽孢杆菌、木霉菌、地衣芽孢杆菌、解淀粉芽孢杆菌等有益微生物控制线虫数量。

西洋参根结线虫病典型症状

2.播种移栽 用阿维·噻唑膦穴施。注意移栽时选择根须和芦头完整、越冬芽肥大、生长健壮、无机械损伤、无病虫害的参苗。

3.田间防治 整地后、作畦之前，用噻唑膦均匀撒施后深耕，对土壤进行灭线处理。在田间发现病株或发病区要及时进行彻底的灭线处理，并对中心病区周围 $2 \sim 3$ 米^2 全面灌根处理，控制蔓延。 $1 \sim 2$ 年生参苗于5月下旬前撒施阿维·噻唑膦，6月下旬前再施1次。

第四节 党 参

党参（*Codonopsis pilosula*）为桔梗科多年生草本植物。以根入药，性平，味甘，归脾、肺经，具有补中益气、养血生津之功效。主要用于治疗脾肺虚弱、气血两亏、体倦无力、食少便溏、虚喘咳嗽、内热消渴、久泻脱肛等症。主要病害有白粉病、根腐病等。

党参白粉病 ··

田间症状 叶片、叶柄及果实均可受害。发病初期，叶片两面产生白色小粉点，后扩展至全叶，叶面覆盖稀疏的白粉层，后期在白粉中产生黑色小颗粒。病株长势变弱，叶色发黄卷曲。

党参白粉病田间症状

发生特点

病害类型	真菌性病害
病原	党参单囊壳（*Sphaerotheca codonopsis*）
越冬场所	以闭囊壳随病残体在土壤中越冬
传播途径	通过气流传播
发病规律	7月中旬发病，8月下旬至9月上旬为发病盛期，9月中下旬开始出现闭囊壳。在干旱及潮湿条件下均可发病，但在阴湿条件下发病严重。植株栽植过密、通风不良发病严重

防治适期 8月初（病害盛发期前）。

防治措施

1.农业防治 ①施足底肥，氮、磷、钾比例适当。②合理密植，以利于通风透光。③收获后彻底清除病残体，集中深埋或沤肥，减少初侵染源。

2.化学防治 发病时，可喷施三唑酮、烯唑醇等药剂。

党参根腐病 ···

田间症状 近地面的根上部及须根、侧根受害后，产生红褐色至黑褐色病斑，后逐渐蔓延到主根至全根，最后植株由下向上变黄枯死。发病初期，根部外表正常，纵向切开根部，可见内部维管束组织变褐色，之后地上部分叶片出现急性萎蔫，很快全株枯死。

党参根腐病田间症状

发生特点

病害类型	真菌性病害
病原	镰刀菌属真菌（*Fusarium* spp.）
越冬场所	不详
传播途径	不详
发病规律	上一年已被感染的参根在5月中下旬出现症状，6～7月为发病盛期。当年染病的发病较晚，一般6月中下旬出现病株，8月为发病高峰，田间可持续为害至9月。在高温多雨、低洼积水、湿度大及地下害虫多的连作地块发病重

防治适期 5～6月发病前。

防治措施

1.农业防治　①与禾本科植物实行3年以上轮作。②初冬彻底清除田间病残体，深翻土地，减少初侵染源。③平整土地，避免低洼积水。

2.培育无病参苗　选择生荒地育苗或进行苗床土处理，整地时用多菌灵拌细土，顺沟施入；或用乙酸铜拌细土，撒于地面，耙入土中。种苗用甲基硫菌灵或多菌灵浸泡5～10分钟，沥干后栽植。

3.药剂处理　发现病株及时拔除，病穴用生石灰消毒，并全田施药。用多菌灵或噁霉·甲霜或多抗霉素灌根。

第五节　当　归

当归（*Angelica sinensis*）为伞形科多年生草本植物，别名干归，表面黄棕色至棕褐色，主根粗短，以根入药，味甘、辛、苦，性温，具有补血活血、调经止痛、润肠通便的功效，主要产于甘肃东南部，在云南、四川、陕西、青海、贵州等省份也已引种栽培。主要病害有麻口病、根腐病、褐斑病等。

当归麻口病

田间症状　主要为害当归根部。总体表现为根部表皮粗糙，内部组织呈海绵状木质化，失去油性。根部感病，初期外皮无明显症状，纵切根部，局部可见褐色糠腐状，随着当归根的增粗和病情的发展，根表皮呈现褐色纵

当归麻口病根部症状

裂纹，裂纹深1～2毫米，根毛增多并畸形。个别病株从茎基处变褐，糠腐达维管束内。轻病株地上部分无明显症状，重病株则表现矮化，叶细小而皱缩。

发生特点

病害类型	线虫性病害
病原	腐烂茎线虫（*Ditylenchus desrructor*）等
越冬场所	以成虫在土壤和病残体中越冬
传播途径	通过流水传播或农具携带传播
发病规律	该病的发生与土壤内病原线虫的数量、温度和当归生育期有关。线虫活动温度为2～35℃，在26℃左右最活跃。在当归栽植到收获的整个生育期（4～9月），线虫均可侵入幼嫩肉质根内繁殖为害，以5～7月侵入的数量最多，该时期也是田间发病盛期

防治适期 在移栽前，病害发生初期。

防治措施

1.农业防治 ①提倡与麦类、豆类、油菜等轮作倒茬。②使用充分腐熟的有机肥。③收获后清洁药园，彻底清除病残体，减少初侵染源。

2.土壤处理 ①施用药肥。40千克有机肥中拌入枯草芽孢杆菌21千克和1%阿维菌素颗粒剂3～5千克，每穴施药肥4～6克或每亩撒施药肥50～60千克。②毒沙土处理。用辛硫磷颗粒剂，均匀拌入细沙土中，在年前耙糖或年后定植前整地时施入土内。③栽植沟喷洒。开沟摆好苗后用1.8%阿维菌素2 000倍液喷洒，然后覆土。

3.药液浸苗 选用杀虫剂、杀线虫剂、杀菌剂及肥料混合浸苗。浸苗在定植前进行，用10千克水加药剂配制成相应倍数，浸苗30分钟，捞出晾干。浸苗所用药剂有阿维菌素、枯草芽孢杆菌、多菌灵等。

当归根腐病

田间症状 发病初期，仅少数侧根和须根感染病害，早期发病植株地上部分无明显症状，根部呈褐色水渍状随着根部腐烂程度的加重，植株上部叶片出现萎蔫，数日后，挖取发病植株，可见主根呈锈黄色，腐烂，极易从土中拔起。地上部分植株矮小，叶片出现椭圆形褐色斑块，严重时叶片枯黄下垂。

当归根腐病根部症状

发病规律

病害类型	真菌性病害
病原	病菌为多种镰刀菌（*Fusarium* spp.）复合侵染，以燕麦镰刀菌（*F. avenaceum*）、尖孢镰刀菌（*F. oxysporum*）为主
越冬场所	以菌丝和分生孢子在土壤内和种苗上越冬
传播途径	通过土壤、水流等传播
发病规律	一般在5月初开始发病，6月逐渐加重，7～8月达到发病高峰，一直延续到收获期。地下害虫造成伤口、灌水过量和雨后田间积水、根系发育不良等因素均可加重发病

防治措施

　　1.农业防治　①轮作。与禾本科作物、十字花科植物进行轮作倒茬。②清除病残体。收获后彻底清除病残体，减少初侵染源。

　　2.药剂防治　①病株处理。发现病株，及时拔除，并用生石灰给病穴消毒。②浸苗。用多菌灵浸苗30分钟，晾干后栽植。③土壤处理。育苗地及大田栽植前，选用甲基立枯磷与细土拌匀后撒于地面，翻入土中；或用辛硫磷颗粒剂拌细土混匀，栽植时撒于栽植穴可兼防当归麻口病和根腐病。

当归褐斑病

田间症状　叶片、叶柄均可受害。叶面初生褐色小点，后扩展呈多角形、近圆形红褐色斑点，边缘有褪绿晕圈。后期有些病斑中部褪绿变成灰白色，其上生有黑色小颗粒。病斑汇合时常形成大型病斑，有些病斑中部组织脱落形成穿孔。发病严重时，全田叶片发褐、焦枯。

当归褐斑病叶部症状

发病规律

病害类型	真菌性病害
病原	壳针孢属真菌（*Septoria* sp.）
越冬场所	以菌丝体及分生孢子器随病残体在土壤中越冬
传播途径	通过风雨传播
发病规律	温暖潮湿和阳光不足有利于发病。病原基数大、湿度大则发病重。一般5月下旬开始发病，7～8月发病加重，并延续至收获期

防治适期　病害发生前（5月）。

防治措施

1.农业防治　①轮作倒茬。②初冬彻底清除田间病残体，减少初侵染源。

2.化学防治　发病时，可喷施丙森锌、甲基硫菌灵或苯醚甲环唑，一般7～10天喷施1次，连喷2～3次，交替使用药剂。

第六节　黄　芪

　　黄芪为豆科多年生草本植物，在我国主要分布于华北、东北、西北，为常用大宗中药材。黄芪以根入药，有补气升阳、利水消肿及生肌等诸多药效。目前主要栽培种为膜荚黄芪（*Astragalas membranaceus*）和蒙古黄芪（*A. membranaceus* var. *mongholicus*）。主要病虫害有白粉病、根腐病、白绢病、霜霉病、黄芪种子小蜂等。

黄芪白粉病

田间症状　主要为害叶片，也为害花蕾、荚果、茎秆等部位。发病初期叶两面生近圆形白色粉状斑，扩展后连接成片，呈边缘不明显的大片白粉斑。严重时，整个叶片或整个植株被一层白粉所覆盖，可引起早期落叶。后期白粉呈灰白色，霉层中产生无数黑色小颗粒。

黄芪白粉病叶部症状

发病规律

病害类型	真菌性病害
病原	白粉菌属真菌（*Erysiphe* spp.）

（续）

越冬场所	以闭囊壳随病残体在土表越冬，或以菌丝体在根芽、残茎上越冬
传播途径	通过气流传播
发病规律	黄芪白粉病在5～6月零星发病，8～9月为盛发期

防治适期 8月初病害盛发期前。

防治措施

　1.农业防治　①实行轮作。与禾本科植物轮作，避免与豆科植物轮作。②科学施肥。施肥以有机肥为主，不要偏施氮肥，以免植株徒长，导致抗病性降低。③合理密植。栽植密度不要过大，加强田间通风透光。④扫除残枝落叶，集中深埋以压低越冬菌源。

　2.化学防治　发病时，选用三唑酮、多菌灵、苯醚甲环唑或戊唑醇等药剂喷施，注意交替用药，7～10天喷施1次，连喷2～3次。

黄芪根腐病 ····································

田间症状　主要为害黄芪根部。根尖或侧根先发病并蔓延至主根，染病植株叶片变黄枯萎，茎基和主根呈红褐色干腐，上有纵裂或红色条纹，侧根腐烂或很少，病株易从土中拔出，主根维管束变褐色，湿度大时根部长出粉色霉层。

黄芪根腐病根部症状

发病规律

病害类型	真菌性病害
病原	主要为茄腐镰刀菌（*Fusarium solani*）、串珠镰刀菌（*F. moniliforme*）和木贼镰刀菌（*F. equiseti*）等
越冬场所	不详

（续）

传播途径	通过土壤、水流传播
发病规律	一般在4月上旬开始发生，以后逐渐蔓延，发病盛期为7月中旬至8月中旬。低温多湿，地势低洼，排水不良，容易导致根腐病的发生与蔓延

防治措施

1.农业防治　①轮作。与禾本科作物进行多年轮作，避免病土育苗。②控制土壤湿度，防止田间积水。

2.化学防治　①土壤消毒。用噁霉灵颗粒剂进行土壤消毒。②药剂灌根。发病时，用甲基硫菌灵、精甲霜灵·咯菌清、噁霉灵等药剂灌根，每隔7天淋灌1次，连灌3～4次。

黄芪白绢病 ·····································

田间症状　发病初期，病根周围以及附近表土产生棉絮状的白色菌丝体。由于菌丝体密集而形成菌核，初为乳白色，后变米黄色，最后呈现深褐色或栗褐色。被害黄芪，根系腐烂或其木质部呈纤维状，极易从土中拔起，地上部枝叶发黄，植株枯萎死亡。

黄芪白绢病田间症状

发生特点

病害类型	真菌性病害
病原	无性阶段为半知菌亚门的齐整小核菌（*Sclerotium rolfsii*），有性阶段为担子菌亚门的白绢伏革菌（*Corticium rolfsii*）
越冬场所	主要以菌核在土表、病残体内越冬
传播途径	通过带病苗木、土壤及水流传播
发病规律	高温、高湿季节或土壤积水条件下发病重

防治措施

1.农业防治　①合理轮作。前茬作物忌为茄科、豆科、菊科植物。②加强田间管理，降低田间湿度。③适时定植，合理密植。

2.药剂防治　①药剂灌根。发病时，用甲基硫菌灵、精甲霜灵·咯菌清、噁霉灵等药剂灌根，7天淋灌1次，连灌3～4次。②病株处理。及时拔除田间病株，集中烧毁，以减少菌源，并在病穴中施用石灰消毒，防止病菌扩散蔓延。

黄芪霜霉病

田间症状

一、二年生的黄芪植株上表现为局部侵染，主要为害叶片，发病初期叶面边缘形成模糊的多角形或不规则形病斑，淡褐色至褐色，叶背相应部位生有白色至浅灰白色霉层，发病后期霉层呈深灰色，严重时植株叶片发黄、干枯、卷曲，中下部叶片脱落，仅剩上部叶片。在多年生黄芪植株上多表现为系统侵染，

黄芪霜霉病叶部症状

即全株矮缩，仅为正常植株的1/3高，叶片黄化变小，其他症状与上述局部侵染症状相同。

发生特点

病害类型	真菌性病害
病原	黄芪霜霉菌（*Peronospora astragalina*）
越冬场所	以卵孢子随病残体落入土中越冬
传播途径	通过风雨传播
发病规律	在5月上旬被系统侵染的黄芪植株返青不久后即可显症，成为田间发病中心。一般情况下，7月上中旬开始发病，7月中下旬病情缓慢发展，8月上旬至9月中旬为盛发期

防治措施

1.农业防治　①合理密植，以利于通风透光。②增施磷、钾肥，提高植株抵抗力。③收获后彻底清除田间病残体，减少初侵染源。

2.药剂防治　发病时，喷施嘧菌酯、代森锰锌、丙森锌、吡醚·代森联或烯酰·嘧菌酯等药剂。

温馨提示

当黄芪霜霉病和白粉病混合发生时，可喷施乙膦铝加三唑酮。

黄芪种子小蜂

黄芪种子小蜂（*Bruchophagus huangchei*）属膜翅目广肩小蜂科，主要分布于北京、内蒙古。

为害特点　雌虫用产卵器刺入黄芪种荚内产卵。幼虫孵化后在种子内取食，只留下种皮，并在其中化蛹。一般1只幼虫只取食1粒种子。

形态特征 雌成虫虫体黑色，长2.4～3.0毫米。翅基片黄色，腹部卵圆形，产卵器向腹后平伸，翅上有云斑，近侧缘有不规则形大网眼。雄成虫身体除附肢外黑色，腹部背面隆起呈半球形，第1腹背板和体轴呈45°，前翅翅脉无云斑。

发生特点

发生代数	1年只发生1代
越冬方式	以幼虫在寄主种子内滞育越冬
发生特点	越冬成虫5月中下旬在蒙古黄芪上出现，6月上旬为发生高峰，6月下旬为第1代幼虫高峰期
生活习性	幼虫老熟后在浅层土壤（1～3厘米深）中作茧化蛹

防治措施

1.农业防治　①注意清除杂草和清洁田园。②做好种子清选，清除虫籽，减少传播。③种植抗虫品种。

2.化学防治　分别在盛花期、青果期以及种子采收前喷施药剂进行防治。

第七节　黄　芩

黄芩（*Scuteuaria baicalensis*）别称山茶花根、土金茶根等，是唇形科黄芩属多年生草本植物。以根入药，具有清热燥湿、凉血安胎、消炎抗癌等作用，是我国常用大宗药材。主产于我国北方地区，四川、云南等省份也有分布。主要病虫草害有白粉病、根腐病、叶枯病、菟丝子、黄翅菜叶蜂、中华豆芫菁。

黄芩白粉病 ···

田间症状 主要为害叶片和果荚，叶两面生白斑，病斑汇合布满整个叶片，最后病斑上散生黑色小粒点。严重时可导致叶片提早干枯，结实不良，甚至不结实。

黄芩白粉病叶部症状

发生特点

病害类型	真菌性病害
病原	白粉菌属真菌（*Erysiphe* spp.）
越冬场所	以菌丝体及闭囊壳在病残体上越冬
传播途径	通过气流、雨水传播
发病规律	5月下旬开始发病，9月下旬病菌开始越冬

防治措施

　　1.健身栽培　秋冬季及时清除病残体可减少越冬菌源，注意田间通风透光。

　　2.药剂防治　发病时，可喷施戊唑醇、烯唑醇、苯醚甲环唑等药剂。

黄芩根腐病 ···

田间症状 主要为害根和茎基部，发生严重时会在茎基部形成水渍状或环绕茎基部的病斑，造成茎基部腐烂，茎、叶因无法得到充足水分而下垂枯死。染病幼苗常自土面倒伏造成猝倒，若幼苗组织已木质化，则地上部表现为失绿、矮化和顶部枯萎，以至全株枯死。

发生特点

黄芩根腐病根部症状

病害类型	真菌性病害
病原	镰刀属真菌（*Fusarium* sp.）
越冬场所	以菌丝体、厚垣孢子、菌核在土壤中或病残体上越冬
传播途径	通过水流或土壤传播
发病规律	天气时晴时雨、高温高湿、植株生长不良、土壤黏重、排水不良、施用未腐熟厩肥，利于发病

防治措施

1.农业防治 ①增施磷、钾肥。②雨季适时排水防涝。③及时拔除病株。④轮作。重发地块与油葵、豆类等作物实行3年以上轮作。

2.日光消毒 ①夏季7～8月间，将药地翻犁，利用夏天太阳辐射强的时间段进行消毒，晒3～5天后，重新再翻犁晒3 5天，然后整畦种植。②在7～8月高温休闲季节，将土壤或苗床土翻耕后浇水，覆盖地膜20多天，利用日光晒土高温杀菌。

3.药剂防治 可发病前，喷淋或灌施咪鲜胺锰盐、噻菌灵、多菌灵，隔7～10天喷淋或灌根1次，连施2～3次；或发病时，用甲基硫菌灵浇灌。

黄芩叶枯病 ....

田间症状 发病从叶尖或叶缘向内延伸成不规则形黑褐色病斑，并逐渐使叶片干枯，迅速自下而上蔓延，最后整株叶片枯死。

黄芩叶枯病叶部症状

发生特点

病害类型	真菌性病害
病原	齐整小核菌（*Sclerotium rolfsii*）
越冬场所	以菌丝体、菌核在土壤、病残体中越冬
传播途径	通过雨水传播
发病规律	高温高湿有利于病菌生长。地势低、易积水的地块为害重。病菌一般只引起局部植株发病。多雨年份为害程度严重，7～8月为发病盛期

防治适期 春季发病初期。

防治措施

1. 清除病残体 冬季处理病残株，将感染病菌的病残株连根拔起并深埋处理，以消灭越冬菌源。

2. 药剂防治 发病时，可用多菌灵波尔多液喷雾，每7～10天喷1次，连续2～3天。

菟丝子 ....

菟丝子为旋花科菟丝子属杂草，包括金灯藤（*Cuscuta japonica*）、中国菟丝子（*C. chinensis*）和南方菟丝子（*C. australis*）等。菟丝子通过缠绕在寄主植物茎叶部，营全寄生

南方菟丝子

生活，致使寄主植物光合同化能力降低、生长发育受限，甚至死亡。

田间症状 菟丝子的茎缠绕于黄芩的茎部，以吸器与黄芩的维管束系统相连，不仅吸收寄主的养分和水分，还造成黄芩输导组织的机械性障碍，其缠绕黄芩的丝状体能不断伸长、蔓延。受害时，枝条被寄生物缠绕产生缢痕，造成植株发育不良，长势衰弱，严重时全株枯死。

菟丝子田间为害状

发生特点 菟丝子以种子繁殖和传播。一般夏末开花，秋季陆续结果，成熟后蒴果破裂，散出种子，落地越冬。种子休眠越冬后，翌年 3～6 月温湿度适宜时萌发，当寄生关系建立后，菟丝子就和其地下部分脱离，茎继续生长并不断分枝，以至覆盖整个寄生植物。

防治适期 播种前种子处理或菟丝子蔓延初期。

防治措施

1.农业防治 ①播种前除去混杂在黄芩种子中的菟丝子种子。②田间如已有混杂的菟丝子，则应与禾本科作物轮作。③在菟丝子出苗时，浅锄地表，破坏其幼苗。④发现有菟丝子为害时，应在其开花前彻底铲除，割下的菟丝子不能留在田间或用于堆肥。

2.药剂防治 用扑草净在种子发芽前处理土壤。

黄翅菜叶蜂 ·········

黄翅菜叶蜂 (*Athalia rosae japanensis*) 属膜翅目叶蜂科，为黄芩生产中的重要蛀茎害虫。

为害特点 幼虫喜食嫩叶、嫩茎、花和嫩荚。初孵化时啃食叶肉，使叶片呈纱布状，稍大后叶片被吃成孔洞或缺刻。遭遇蛀害的果荚会出现圆孔及变黑。

黄翅菜叶蜂幼虫为害状

形态特征

成虫：体长6～8毫米，头部、前胸侧板、中后胸背面两侧均为黑色，其余为橙红色，但胫节端部及各跗节端部为黑色；翅基半部黄褐色，向外渐淡至翅尖透明，前缘有一条黑带与翅痣相连。

卵：近圆形，卵壳光滑，初产时乳白色，后变淡黄色。

幼虫：共5龄。初龄幼虫淡绿褐色，后渐呈绿黑色；末龄幼虫体长16毫米左右，头部黑色，体蓝黑色，胸足3对，腹足7对，尾足1对。

蛹：初为黄白色，后为橙色，头部黑色。

茧：长椭圆形。

黄翅菜叶蜂成虫

黄翅菜叶蜂幼虫

发生特点

发生代数	1年发生4～5代
越冬方式	以老熟幼虫于浅土层中结茧越冬
发生特点	翌年春季化蛹，越冬成虫最早于4月上旬出现，第1代幼虫于5月上旬至6月中旬出现，第2代幼虫于6月上旬至7月中旬出现，第3代幼虫7月上旬至8月中旬出现，第4代幼虫于8月中旬至10月中旬出现，有世代重叠现象。越冬成虫羽化后先在野生寄主上活动，6月黄芩开花结荚后转移到黄芩植株上为害

（续）

| 生活习性 | 幼虫早晚取食活动最盛，五龄幼虫食量最大。幼虫有假死现象，受惊后蜷缩成团。幼虫孵出后多从果荚背面的夹缝处钻入果荚内蛀食黄芩种子，蛀空果荚后转入其他果荚继续为害。高龄幼虫常栖息于黄芩叶片上，取食时从果荚正面蛀入果荚内取食。1头幼虫幼期可蛀害果荚6～10个 |

防治适期　防治成虫于6月初，幼虫于6月中下旬防治。

防治措施

1.消灭越冬害虫　做好落叶与杂草的清除工作，有条件的对土地进行深耕，消灭越冬的害虫。

2.灯光诱杀　安放频振式杀虫灯诱杀第1～2代成虫，减少成虫基数，降低落卵量。

3.药剂防治　在黄芩开花和结荚前，喷施高氯·甲维盐、阿维菌素等，间隔7～10天喷1次，连喷2～3次。

中华豆芫菁

中华豆芫菁（*Epicauta chinensis*）属鞘翅目芫菁科，在我国分布广泛，主要为害黄芪、苦参、射干、黄芩、芍药、桔梗等，也可为害豆科作物、园林观赏植物及甜菜、马铃薯等。

为害特点　以成虫取食茎、叶、花及果荚，致使被害株枝叶、花蕾残缺不全，不能正常生长，影响结荚，使种子产量降低。常群居为害，严重时可在几天之内将植株吃成光秆。

形态特征

成虫：体长10～23毫米，体和足黑色，头部略呈三角形，红色，被褐色短毛。触角除第1、2节为红色外，其余为黑色。雄虫触角为锯齿状，雌

中华豆芫菁成虫

虫为丝状。前胸背板中央有一条由白色短毛组成的白纵纹，沿鞘翅侧缘、端缘和中缝均镶有由白色短毛组成的白边。

卵：椭圆形，长2.4～2.8毫米，宽1毫米，初产时乳白色，后变黄褐色，表面光滑，聚生。

幼虫：复变态，一龄为蛎型，为深褐色的三爪蚴，行动活泼；二至四龄都是蛴螬型；五龄化为伪蛹型，胸足呈乳状突起，形似象甲幼虫；六龄又变为蛴螬型。

蛹：裸蛹，长15毫米左右，灰黄色，复眼黑色。

中华豆芜菁一龄幼虫

中华豆芜菁二至四龄幼虫

发生特点

发生代数	1年发生1～2代
越冬方式	以五龄幼虫在土中越冬，翌年继续发育至六龄
发生特点	一代区5月中旬羽化，7月中旬为盛发期，卵产在受害植株附近土中，8月中下旬开始孵化幼虫，10月中旬开始进入越冬期；二代区越冬代成虫于5～6月发生
生活习性	成虫有群集性、趋光性、假死性

防治措施

1.农业防治　①秋冬收获后翻耕土地，可消灭部分越冬幼虫。②及时清除田边枯枝落叶、杂草，减少其隐蔽场所。③施用充分腐熟的农家肥。

2.诱杀成虫　①网捕。在成虫取食、交尾盛期，利用其群集为害的习性，可采取网捕法，以杀死成虫。②灯诱。成虫点片发生时，用黑光灯诱杀成虫。③糖醋液诱杀。在田间每隔10米悬挂或放置1个糖醋液瓶诱杀成虫，糖醋液配比为红糖1份、醋4份、水15份。

3.保护利用天敌　中华豆芫菁的天敌有赤眼蜂、寄生蜂等，注意保护和利用天敌。

第八节 丹　参

丹参（*Salvia miltiorrhiza*）为唇形科鼠尾草属多年生草本，以干燥根和根茎入药。其干燥根及根茎因色红且形状似参而得名"丹参"，又称血参、红根、赤参、紫丹参，具有祛瘀止痛、活血通经、清心除烦的功效。丹参主产于安徽、山西、河北、四川、江苏等省份。主要病虫害有根腐病、叶枯病、白绢病、根结线虫病、斜纹夜蛾、旋心异跗萤叶甲等。

丹参根腐病

田间症状　主要为害根部和茎基部，植株发病初期，先由须根、侧根产生水渍状褐色坏死斑，并迅速蔓延至主根。横切或者纵剖病根，维管束呈褐色，最后根内部全部腐烂，仅残留纤维状维管束，病部呈褐色或红褐色。随着根部腐烂程度的加剧，地上部茎叶表现出自下而上枯萎，最终全株枯死。拔出病株，可见根颈部变黑，发病部位稍凹陷，湿度大时，病部产生白色霉层，病株易从土中拔起。

丹参根腐病根部症状

发生特点

病害类型	真菌性病害
病原	镰刀菌属真菌（*Fusarium* spp.）
越冬场所	以菌丝体和厚垣孢子在土壤中或病残体上越冬
传播途径	通过雨水、灌溉水等传播
发病规律	连作使其发生逐年加重，地温在15～20℃时最易发病。高温多雨，田间植株过密，土壤湿度大，土壤黏重，低洼积水，中耕伤根，地下害虫发生严重等容易发病。植株整个生长期均可发生，一般5月始见，6～8月为发病盛期

防治适期 整地前和发病初期进行药剂防治。

防治措施

1. 农业防治　选择无病地种植，实行轮作。

2. 土壤消毒　在栽培前用哈茨木霉菌进行土壤处理，或用敌磺钠、阿维菌素等拌土，杀灭病菌。及时拔除病株，并用生石灰等处理病穴土壤。

3. 药剂防治　栽种前用甲基硫菌灵浸泡种苗3～5分钟，捞出晾干后栽种。发病时，用枯草芽孢杆菌等微生物菌剂灌根，2周1次，连灌2～3次。

丹参叶枯病 ·····················

田间症状 在丹参的整个生长期均有发生，主要为害丹参叶片。植株下部叶片先发病，逐渐向上蔓延。发病初期叶面产生褐色、圆形小斑；以后病斑不断扩大，中央呈灰褐色。最后叶片焦枯，植株死亡。

丹参叶枯病叶部症状

发生特点

病害类型	真菌性病害
病原	壳针孢属真菌（*Septoria* sp.）
越冬场所	以分生孢子器和菌丝体在病残体上越冬
传播途径	通过风雨传播
发病规律	丹参叶枯病的潜伏期为5～12天，在整个生育期，病部产生的分生孢子可不断造成多次侵染。该病在多雨季节、田间湿度大时普遍发生并逐渐加重，植株茂密、排水不畅的地块发病重

防治措施

1.健身栽培 ①雨后及时开沟排水，降低田间湿度。②合理施肥，适当增施磷钾肥，增强植株抗性。③及时清洁田园，收获后将病残体集中用生石灰处理后深埋。

2.药剂防治 ①浸种。栽种前用波尔多液浸种10分钟。②喷雾。发病时，选用代森锰锌、噁霉灵或枯草芽孢杆菌喷雾，每10天喷1次，连喷2～3次。

丹参白绢病

田间症状 丹参感病后从近地面的根颈处开始发病，逐渐向地上部和地下部蔓延。病部皮层呈水渍状变褐坏死，最后腐烂，其上出现一层白色绢丝状菌丝层，呈放射状蔓延，常蔓延至病部附近土面。发病中后期，在白色菌丝层中形成黄褐色油菜籽大小的菌核。严重时腐烂成乱麻状，最终导致叶片枯萎，全株死亡。

发生特点

病害类型	真菌性病害
病原	齐整小核菌（*Sclerotium rolfsii*）
越冬场所	以菌核、菌丝体在田间病株、病残体、土壤中越冬

（续）

传播途径	病株和土表的菌丝体可以通过主动生长侵染邻近植株，菌核随土壤水流和耕作在田间近距离扩展蔓延
发病规律	该病在丹参整个生长季节均可发生，6～9月为发病高峰期。高温多雨季节发病重，田间湿度大、排水不畅的地块发病重，酸性沙质土易发病，连作地发病重。高温、多雨天发病重，气温降低后发病减少

防治适期 育苗阶段及发病初期。

防治措施

1.清理病株及残体 ①田间发现病株，及时拔除，并用生石灰消毒处理病株周围的土壤。②丹参收获后要及时清理病残体，集中销毁。

2.健身栽培 ①轮作。与禾本科作物轮作，不宜与花生及其寄生药用植物轮作。②深翻土壤。掩埋菌核，促进菌核死亡。③合理施肥。特别注意增施腐熟有机肥和磷、钾肥，提高寄主抗病力。④适量施用石灰，调整土壤酸碱度。

3.药剂防治 ①在育苗阶段以及发病初期可用哈茨木霉喷雾，每隔7天喷1次，连喷3～4次。②田间发现病株，及时挖除销毁，四周邻近植株还要浇灌多菌灵。

丹参根结线虫病 ·······

田间症状 主要为害根部，病株根部长出许多瘤状物，植株生长矮小，发育缓慢，叶片褪绿，逐渐变黄，最后全株枯死。拔起病株，根上有许多虫瘿状的瘤，瘤的外面粘着土粒，难以抖落。根结之上一般可长出许多根毛。解剖根结，病部组织里有很多细小的乳白色线虫。

丹参根结线虫病根部症状

发生特点

病害类型	线虫性病害
病原	花生根结线虫（*Meloidogyne arenaria*）、南方根结线虫（*M. incognita*）、爪哇根结线虫（*M. javanica*）等
越冬场所	以卵和幼虫在病残体或土壤中越冬
传播途径	通过水流、种苗传播
发病规律	根结线虫耐低温能力较强，而耐高温能力很差。结构疏松的中性沙质土壤利于发病

防治措施

1.农业防治 ①与禾本科作物轮作，不宜与花生等豆科植物。②发现病残体及时清除销毁。

2.药剂防治 使用噻唑膦等药剂进行土壤消毒工作，也可在整地时施用生石灰。

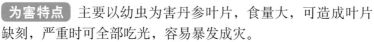

斜纹夜蛾

斜纹夜蛾（*Spodoptera litura*）属鳞翅目夜蛾科，又名莲纹夜蛾，俗称夜盗虫、乌头虫等，是世界性的多食性害虫。

斜纹夜蛾

为害特点 主要以幼虫为害丹参叶片，食量大，可造成叶片缺刻，严重时可全部吃光，容易暴发成灾。

形态特征

成虫：体长14～20毫米，翅展35～40毫米，体暗褐色，头胸灰褐色间白色，下唇须灰褐色，各端部有暗褐色斑；胸部背面灰黑色有白色丛毛。前翅灰褐色（雄性颜色较深），花纹多，内横线和外横线呈波浪状，中间有明显的白色斜阔带纹。后翅银白色，半透明，微闪紫光。足褐色，各足胫节有灰色毛，均无刺。

卵：扁平半球状，直径约0.5毫米，呈黄白色，孵化前紫黑色，表面有纵横脊纹，上覆黄褐色绒毛。

幼虫：共6龄，体色变化很大。虫口密度大时幼虫体色较深，多为黑褐色或暗褐色，密度小时，多为暗灰绿色。一般幼龄期的体色较淡，随幼虫龄期增加虫体颜色加深。三龄前幼虫体线隐约可见，腹部第一节的1对三角形黑斑明显可见。四龄后体线明显，背线和亚背线呈黄色，沿亚背线上缘每节两侧各有1对黑斑，其中第一节黑斑最大，近菱形，第七、八节黑斑也较大，呈新月形。

蛹：长15～20毫米，圆筒形，红褐色，尾部有一对短刺。

发生特点

发生代数	在华中地区1年发生5代，华南地区可终年繁殖
越冬方式	不详
发生规律	6～7月为害严重
生活习性	初孵幼虫群集为害，成虫夜间活动交尾产卵，以晚间8：00～12：00活动最盛。对黑光灯、糖醋液具有较强的趋性

防治适期 高龄幼虫抗药性强，选在低龄幼虫发生盛期或成蛾羽化高峰期采取化学防治最佳。

防治措施

1.农业防治　清洁田园，收获后将田间残株病叶集中深埋，以杀灭越冬虫源，结合田间操作摘除卵块和有低龄幼虫的叶片。

2.化学防治　在幼龄期可用菊酯类、甲维盐·茚虫威、氯虫苯甲酰胺等药剂叶面喷雾，每隔7～10天喷1次，连喷2～3次。

旋心异跗萤叶甲

旋心异跗萤叶甲（*Apophylia flavovirens*）属鞘翅目叶甲科，是丹参上一种常见食叶害虫。国内分布于吉林、辽宁、内蒙古、河北、山东、山西、安徽、浙江、湖北、江西、湖南、福建、台湾、广东、海南、广西、四川、贵州及西藏。

为害特点 以成虫取食植株叶片，为害严重时，叶片仅剩叶脉，整个植株干枯、焦黄，甚至死亡。

形态特征

成虫：雄虫体长约5毫米，雌虫体长约6毫米。触角丝状，全身被短毛。小盾片舌形，黑色。前胸背板倒梯形，鞘翅金绿色，胸腹板中部明显隆起。雄虫腹部末节腹板顶端中央呈钟形凹陷，爪双齿式；雌虫爪附齿式。

卵：椭圆形，淡黄色。

幼虫：老熟幼虫体长7～12毫米，体黄色，头褐色。

蛹：裸蛹，长7毫米左右，黄色。

发生特点

发生代数	1年发生1代
越冬方式	以卵在土内越冬
发生特点	越冬卵6月上旬开始孵化，7月上旬开始化蛹，成虫始见于7月下旬，发生盛期为8月中旬至9月上旬，8月中旬开始产卵。成虫对丹参嫩叶片为害轻，丹参种植区周围有春玉米或谷子地块为害重，连作地块为害重
生活习性	卵单产、散产或堆产，成虫常聚集为害

防治适期 成虫发生盛期。

防治措施

1.健身栽培 ①收获后，深翻平整土地，适时冬灌，以消灭冬卵。②清除地块及周边杂草。③不宜与玉米、高粱、谷子等混种。

2.药剂防治 在成虫发生盛期，可使用1%苦参碱可溶性液剂800倍液，共施1～2次。

第九节 白 术

白术（*Atractylodes macrocephala*）又称冬术、冬白术、于术、山精、山连、山姜等，属菊科多年生草本植物。喜凉爽气候，以干燥根茎入药，具有健脾益气、燥湿利水、止汗、安胎的功效。主要在浙江、江苏、福建、江西、安徽、四川、湖北及湖南等省份种植。主要病虫害有立枯病、根腐病、白绢病、铁叶病、地下害虫等。

白术立枯病 ··

　　白术立枯病俗称"烂茎瘟"，是白术苗期的主要病害，已出土和未出土的幼苗，移栽后的大苗均能受害。

田间症状　受害苗茎基部初期呈水渍状椭圆形暗褐色斑块，地上部呈现萎蔫状，随后病斑很快扩大，茎部坏死缢缩成线形，如铁丝状，病部常粘附着小土粒状的褐色菌核，地上部萎蔫，幼苗倒伏死亡。

白术立枯病症状

发生特点

病害类型	真菌性病害
病原	立枯丝核菌（*Rhizoctonia solani*）
越冬场所	主要以菌丝体、菌核在土壤中或病残体上越冬
传播途径	通过雨水、浇灌水、农具等传播
发病规律	低温高湿条件下易发病，早春遇低温阴雨天气，白术苗出土缓慢，易感病害。连作或前茬为感病作物的发病严重

防治措施

　　1.农业防治　①避免病土育苗，合理轮作5年以上。②适当晚播，促使幼苗快速生长和成活。③苗期加强管理，及时松土和防止土壤湿度过大。④发现病株及时拔出。

2.化学防治 ①用精甲·噁霉灵种子处理液剂进行浸种。②选用枯草芽孢杆菌灌根或井冈霉素喷淋防治。

白术根腐病

田间症状 发病后，前期细根变褐、干腐，逐渐蔓延至根状茎，使根茎干腐，并迅速蔓延至主茎，使整个维管束褐变，呈现黑褐色下陷腐烂斑，后期根茎全部变海绵状黑褐色干腐，地上部萎蔫，叶片全部脱落，病株易拔起。

白术根腐病田间症状

白术根腐病引起的维管束褐变

发生特点

病害类型	真菌性病害
病原	尖孢镰刀菌（*Fusarium oxysporum*）
越冬场所	以菌丝体、厚垣孢子等在种子、土壤和病残体中越冬
传播途径	通过带病种苗、土壤传播
发病规律	在贮藏中受热使幼苗抗病力降低，是诱发该病的主因。土壤淹水、黏重或施用未腐熟的有机肥料造成根系发育不良，以及有线虫或地下害虫为害产生伤口后易发病。生长中期连续阴雨后转晴，气温升高病害发生重。6～8月为发病高峰期

防治措施

1. 农业防治 ①栽种前应进行种苗消毒,可用咪鲜胺或异菌脲,浸种苗30～50分钟,捞出后栽种。②选择地势高燥、排水良好的沙壤土种植。③前茬作物以禾本科植物为好,不宜与茄子、番茄、花生、地黄、玄参、乌头等轮作,最好与禾本科作物进行5年以上的轮作。④科学肥水管理,雨季及时开沟排水,避免土壤湿度过大;提倡使用有机肥和配方肥,增施磷、钾肥和含有中微量元素的微肥。

2. 化学防治 ①选择适应本地的抗病性强的白术品种或株系,防止病害的发生。②可选用异菌·氟啶胺悬浮剂喷淋,或丙环唑乳油、枯草芽孢杆菌微囊粒剂灌根。

白术白绢病

田间症状 主要为害白术茎基部或根茎部,在成株期发生严重。受害后,水分和养分的吸收受到影响,以致白术植株生长不良,地上部叶片变小,枝梢节间缩短,中下部叶片逐渐黄化,嫩梢凋萎,后整株叶片下垂,萎蔫枯死,茎基和块茎出现黄褐色至褐色软腐,病斑上长出小菌核。在潮湿条件下,受害的根茎表面或近地面土表覆有白色绢丝状菌丝体,并着生为大量小菌核。发病严重时,白术根腐朽,植株周围泥土变黑,气味腐臭。

白术白绢病田间症状

白术白绢病菌丝及菌核

发生特点

病害类型	真菌性病害
病原	齐整小核菌（*Sclerotium rofsii*）
越冬场所	以菌核、菌丝体在土壤、病残体中越冬
传播途径	通过水流、土壤传播
发病规律	当温度和湿度适宜时，发病白术植株根茎内的病菌菌丝会以病株为中心，沿着土表向四周蔓延。6～8月为发病高峰期，高温多雨利于发病

防治措施

1.农业防治　参照白术根腐病。

2.土壤处理　①栽植前处理。在栽植前每亩施50～75千克生石灰，提高土壤pH值，减轻白术白绢病的发生。②生长期处理。生长期间及时挖除病株及周围病土，并撒施适量生石灰。

3.药剂防治　①栽种前用咪鲜胺或异菌脲，浸种30～50分钟，捞出后栽种。②发病初期，可用井冈·嘧苷素或井冈霉素喷淋防治。

白术铁叶病 ···

田间症状 主要为害叶片，也可为害茎秆及花蕾。初期叶上生黄绿色小斑点，多自叶尖及叶缘向内扩展，常数个病斑连接成一个大斑，中心灰白色或灰褐色，上生大量小黑点。因受叶脉限制呈多角形或不规则形，很快布满全叶，使叶片呈铁黑色，俗称"铁叶病"。病斑从基部叶片开始发生，逐渐向上扩展至全株，叶片枯焦并脱落。茎秆受害后，产生不规则形铁黑色病斑，后期茎秆干枯死亡。病情严重时在田间呈现成片枯焦，颇似火烧，在白术产区也被称为"火烧瘟"。

白术铁叶病田间症状

发生特点

病害类型	真菌性病害
病原	白术壳针孢菌（*Septoria atractylodis*）
越冬场所	以分生孢子器、菌丝体在病残体上越冬
传播途径	通过风雨、种子、农事操作传播

（续）

| 发病规律 | 一般4月下旬开始发生，逐渐形成明显的中心病株，7～8月发病严重。在高温高湿天气，该病流行加快，发病严重，干燥条件下病害发展受到抑制 |

防治适期　出现发病中心时，及时用药防治。

防治措施

1.农业防治　①与非菊科作物轮作。②白术收获后清洁田园，集中处理残枝落叶，减少翌年侵染。③选择健壮无病的种子。④选择地势高燥、排水良好的土地。⑤合理密植，降低田间湿度。⑥在雨水或露水未干前不宜进行中耕除草等农事操作，以防病菌传播。

2.化学防治　在栽种前用异菌脲浸种30～50分钟，捞出晾干后栽培。发病前或发病时，选用井冈·丙环唑喷雾，间隔7～10天防治1次，连喷2次。

第十节　防　　风

防风（*Saposhnikovia divaricata*）别名山芹菜、白毛草，属伞形科多年生草本植物。以干燥根入药，具发汗解表、祛风除湿的功效。在我国河北、山西、陕西、辽宁、吉林、黑龙江、内蒙古等省份均有种植。主要病虫害有斑枯病、白粉病、根腐病、黄翅茴香螟、胡萝卜微管蚜等。

防风斑枯病

田间症状　主要为害叶片。叶片染病病斑生在叶两面，圆形至近圆形，直径2～5毫米，褐色，中央色稍浅，后期病斑上生黑色小粒点。干燥时病斑破裂穿孔。茎秆染病产生类似症状。

防风斑枯病叶部症状

发生特点

病害类型	真菌性病害
病原	壳针孢属真菌（*Septoria* sp.）
越冬场所	以分生孢子器在病残体上越冬
传播途径	通过气流传播
发病规律	东北地区7月发生，8月进入发病盛期

防治适期 当田间发病率达到10%时进行药剂防治。

防治措施

1.农业防治　①清洁田园，减少菌源。②作物轮作。③栽植密度适当，保持通风透光。④使用充分腐熟有机肥，增施磷、钾肥。

2.药剂防治　发病时，喷洒甲基硫菌灵等药剂。

防风白粉病

田间症状 主要为害叶片、叶柄、花梗、果实，被害叶片有白粉状斑，并逐渐扩大蔓延，后期病斑上逐渐长出小黑点，严重时叶片早期脱落，只剩茎秆。

防风白粉病田间症状

发生特点

病害类型	真菌性病害
病原	独活白粉菌（*Erysiphe heraclei*）
越冬场所	以闭囊壳在病残体上越冬
传播途径	通过风雨传播
发病规律	一般气温16～20℃，相对湿度50%～70%时，植株密闭，通风不良，偏氮、缺钾田利于病害发生与流行

防治适期 当田间发病率达到10%时进行化学防治。

防治措施

1.农业防治　①秋季落叶后清理田园，将残株落叶清出田外，集中处理。②加强水肥管理，增施磷、钾肥，增强抗病力。③注意通风透光，不选用低洼地种植防风，雨后及时排水。④与禾本科作物轮作。

2.化学防治　发病时，用粉锈宁或硫磺·多菌灵悬浮剂等药剂喷洒叶面。每隔7～10天喷1次，连喷2次。

防风根腐病

田间症状 主要为害防风根部，发病初期须根呈褐色腐烂，随病害进展，根部维管束被破坏，失去输水功能，导致根部腐烂，叶片萎蔫，植株变黄枯死。

防风根腐病田间症状

发生特点

病害类型	真菌性病害
病原	木贼镰刀菌（*Fusarium equiseti*）
越冬场所	以菌丝体、厚垣孢子在土壤、粪肥及病残体中越冬
传播途径	通过雨水、灌溉水等传播
发病规律	一般在5月初发病，6～7月进入盛发期，高温高湿及连续阴雨天气有利病害的发生

防治适期 当田间发病率达到10%时进行化学防治。

防治措施

1.农业防治　①及时清除病株、病叶、病根与杂草。②合理密植，控制田间透光度。③加强水肥管理。除施足基肥外，要通过喷施叶面肥提高植株自身抗病能力。

2.化学防治　①种子处理。播种前精选种子，用精甲·咯菌腈悬浮种衣剂进行包衣处理。②浸苗。移栽前用甲基硫菌灵浸苗5～10分钟，晾干后栽种。③病株处理。及时检查田间植株生长情况，发现病株要及时拔除，并集中处理，病穴内撒石灰粉消毒，也可用多菌灵灌穴。

黄翅茴香螟

　黄翅茴香螟（*Loxostege palealis*）属鳞翅目螟蛾科，在吉林、辽宁、黑龙江及华北各省份均有分布，在我国各防风种植区均有发生，是比较常见的虫害。

为害特点 以幼虫为害叶、花、果实，幼虫在花蕾上结网，取食花与果实。

黄翅茴香螟为害状

形态特征

　　成虫：翅展30～36毫米，前翅硫黄色，前缘黑色，后翅白色，翅顶有一较发达的黑斑。头部白色，中央灰黑色，额外突出成尖锥状。

　　幼虫：共5龄。初孵幼虫体灰黑色，三龄幼虫体呈淡黄绿色，部分老熟幼虫会变为橘红色。

黄翅茴香螟幼虫

发生特点

发生代数	在东北地区一年1代
越冬方式	以幼虫结茧越冬
发生特点	越冬幼虫翌年6月中旬化蛹，在25℃条件下，蛹期5～20天，平均15天。7月下旬为羽化盛期，8月上中旬是为害果实盛期
生活习性	越冬茧常成堆集在土质疏松的垄台上

防治适期 成虫期是最佳诱杀防治时期，卵期是最佳药剂喷雾防治时期。

防治措施

1.农业防治　①及时收获，消灭大部分尚未越冬的幼虫。②适时提早播种，避开为害盛期。

2.物理诱杀　利用害虫的趋光性，采用灯光诱杀成虫。

3.药剂防治　发生时，可选用敌百虫、杀螟松、溴氰菊酯于傍晚喷雾防治，每5～10天喷1次，连喷2～3次。

胡萝卜微管蚜

胡萝卜微管蚜（*Semiaphis heraclei*）属半翅目蚜科。寄主为防风、白芷、当归、茴香等伞形科植物，在我国防风种植区均有发生。

为害特点　以成蚜和若蚜群集在植株嫩梢和叶片上吸食汁液，造成叶片

胡萝卜微管蚜为害状

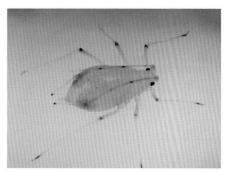

胡萝卜微管蚜若蚜

胡萝卜微管蚜有翅雌蚜

胡萝卜微管蚜卵

卷缩发黄，光合作用下降，植株矮小，影响植株正常生长和开花结果。

发生特点

发生代数	1年发生10～20代
越冬方式	以卵在忍冬属植物金银花等枝条上越冬
发生特点	翌年3月中旬至4月上旬越冬卵孵化，4～5月严重为害芹菜和忍冬属植物，5～7月迁至防风上为害，10月产生有翅性蚜和雄蚜，由伞形花科植物向忍冬属植物上迁飞，10～11月雌、雄交配，产卵越冬
生活习性	无翅雌蚜在夏季营孤雌生殖，卵胎生

防治适期 无翅蚜发生始盛期为药剂防治最佳时期。

防治措施

1.清洁田园　①铲除杂草，减少越冬虫卵。②早春在越冬蚜虫较多的越冬芹菜或附近其他蔬菜上施药，防止有翅蚜迁飞扩散。

2.天敌保护与利用　在4～5月，用网捕方法将菜田里天敌（瓢虫、食蚜蝇、草蛉等）转移到防风田内。

3.药剂防治　在防风蚜虫发生始盛期，可用苦参碱、吡虫啉、啶虫脒、噻虫嗪喷雾防治，间隔7～10天，视发生轻重连喷1～2次。

第十一节　板　蓝　根

板蓝根（*Isatis indigotica*）别名靛青根、蓝靛根、大青根，属十字花科一二年生草本植物，以根入药。具有清热解毒、凉血消斑、利咽止痛的功效。现各地均有栽培。主要病虫害有霜霉病、根腐病、菌核病、菜青虫等。

板蓝根霜霉病

田间症状 主要为害叶片，也可为害茎、花梗和角果。发病初期叶片上产生黄白色病斑，逐渐扩大，受叶脉限制为多角形或不规则形。后期病斑扩大成褐色，叶背面出现灰白色霉斑。严重时叶片干枯死亡。

发生特点

病害类型	真菌性病害
病原	菘蓝霜霉菌（*Peronospora isatidis*）
越冬场所	以卵孢子随病残体在土壤中越冬
传播途径	通过雨水传播
发病规律	南方3月开始发病，4月达高峰期；北方一般在6月开始发病，7月高温高湿发病严重。雨水多、田间湿度大时利于该病发生蔓延
病害循环	

越冬病菌
（初侵染源）

病株 ——→ 分生孢子

病菌从植株气孔、伤口侵入　　　雨水

健康植株

防治适期 6月底到7月初。

防治措施

1.农业防治　①清除病残体，集中处理，减少病源。②避免与十字花科等易感染霜霉病的作物轮作。③合理密植，注意田间通风透光。④雨后及时排水。

2.药剂防治 ①发病时，用百菌清或代森锰锌喷雾防治。②病害流行期可用代森锌可湿性粉剂喷雾防治，每7～10天喷1次，连喷2～3次。

板蓝根根腐病

田间症状 植株地下部侧根首先发病，呈黑褐色，至根系维管束呈褐色病变。蔓延至主根后，整个根部腐烂，地上部植株萎蔫，逐渐由外向内枯死。

发生特点

病害类型	真菌性病害
病原	茄腐镰刀菌（*Fusarium solani*）、尖孢镰刀菌（*Fusarium oxysporum*）和禾谷丝核菌（*Rhizoctonia cerealis*）
越冬场所	以菌丝体在病残体或土壤中越冬
传播途径	通过雨水、浇灌水传播
发病规律	发病的适宜温度为29～30℃。播种量大、田间郁蔽、通风不良、植株长势差的发病率高。多雨季节重于少雨或无雨季节，遇连续阴雨天气，发病率达40%以上。沙壤土或壤土地发病率明显低于黏土地。轮作的田块发病轻于重茬地。一般5月上、中旬开始发病，以后逐渐扩散蔓延，发病盛期为7月上旬至8月上旬

防治措施

1.农业防治 ①选择土壤深厚的沙壤土、地势略高、排水畅通的地块种植。②合理实行轮作。③科学施肥。适施氮肥，增施磷、钾肥，提高植株的抗病力。

2.土壤处理 在播种前15天结合整地，用甲基硫菌灵或多菌灵均匀喷施于地表，并及时耙地，使药均匀混合于土壤中，提高防效。

3.化学防治 发现病株应及时连根带土移出田外，并用5%石灰乳消毒。发病时，用多菌灵灌根，每隔7天灌1次，连灌2～3次。

板蓝根菌核病 ·····

田间症状 主要为害根、茎、叶，以茎部受害最重。基部叶片先发病，然后向上扩散为害，初期为水渍状青褐色病斑，最后叶片腐烂，仅留叶脉。在高温多雨时，受害茎秆内布满白色菌丝，茎部及叶片有黑色鼠粪状菌核，以茎基部近土表处菌核最多。后期全株枯萎死亡。

发生特点

病害类型	真菌性病害
病原	核盘菌（*Sclerotinia sclerotiorum*）
越冬场所	以菌丝体、菌核在土壤中或混杂在种子间越冬
传播途径	通过风雨传播
发病规律	3～4月发病，4月下旬至5月为发病盛期，偏施氮肥、排水不良、管理粗放、雨后积水等都有利于发病
病害循环	

越冬病菌
（初侵染源）

病株 ⟶ 子囊孢子

雨水

健康植株

防治措施

1.农业防治　①合理轮作，避免与十字花科作物轮作。②及时排水，降低田间湿度。③增施磷、钾肥，提高抗病能力。

2.药剂防治 发病时，可以用代森锌、多菌灵、甲基硫菌灵或菌核净等药剂喷雾，以上药剂可轮换使用，每隔7天喷1次，连喷2～3次。

菜青虫

菜青虫是菜粉蝶（*Pieris rapae*）的幼虫，属鳞翅目粉蝶科。主要为害十字花科蔬菜，以芥蓝、甘蓝、花椰菜等受害比较严重。药材中以板蓝根受害严重。

为害特点 幼虫多在叶片背面啃食叶肉，使叶片产生缺刻和孔洞，为害严重时全叶被吃光，仅剩叶脉和叶柄。

形态特征

成虫：体长12～20毫米，翅展35～55毫米，体黑色，胸部密被白色及灰黑色长毛，翅白色。

卵：竖立呈瓶状，散产。初产时为淡黄色，后变为橙黄色。

幼虫：共5龄。幼虫初呈灰黄色，老熟后呈青绿色。背部有一条不明显的断续黄色纵线，气门线黄色，每节的线上有2个黄斑。体密布细小黑色毛瘤，各体节有4～5条横皱纹。

蛹：长18～21毫米，纺锤形，两端尖细，中部膨大且有棱角状突起。体色有绿色、淡褐色、灰黄色等。

发生特点

发生代数	1年发生多代，由北向南逐渐增加
越冬方式	以蛹在受害地附近的篱笆、墙缝、树皮下、土缝里或杂草及枯叶间越冬
发生特点	4月中、下旬越冬蛹羽化，5月达到羽化盛期。第1代幼虫5月上、中旬出现，5月下旬到6月上旬是为害盛期。第2～3代幼虫于7～8月出现，8～10月是第4～5代幼虫为害盛期。10月中、下旬以后老熟幼虫陆续化蛹越冬
生活习性	成虫多产卵于叶背面，一、二龄幼虫受到惊扰有吐丝下坠的习性，大龄幼虫有假死性

防治适期 幼虫二龄前。

防治措施

1.农业防治 ①清洁田园。板蓝根收获后及时清除田间残叶和杂草，减少菜青虫繁殖场所。②深耕细耙，减少越冬虫源。③在板蓝根田内套种甘蓝或花椰菜等十字花科植物，引诱成虫产卵，再集中杀灭幼虫。④秋季收获后及时翻耕。

2.生物防治 ①保护和利用天敌。比如广赤眼蜂、微红盘绒茧蜂、凤蝶金小蜂等。②施用生物农药。低龄幼虫发生初期，喷施苏云金杆菌，对菜青虫有良好的防治效果，喷药时间最好在傍晚。

3.药剂防治 幼虫发生盛期，可选用灭幼脲、辛硫磷或敌百虫等药剂喷雾防治，每隔7天施用1次，连用2～3次。

第十二节 北 苍 术

北苍术（*Atractylodes chinensis*）为菊科多年生草本植物，以根状茎入药，具燥湿健脾、祛风、散寒、明目等功效，是古代防治瘟疫的重要药物。主要分布河北、山西、内蒙古、辽宁等省份。主要病虫害有菌核病、根腐病、白绢病、枯萎病、黑斑病、地下害虫等。

北苍术菌核病

田间症状 主要为害根部及茎部，为害初期，下部老熟叶片变黄枯萎，逐渐向上蔓延至全部块茎，呈黑褐色腐烂，纤维组织裸露在外，病健分界不明显。

发生特点

病害类型	真菌性病害
病原	雪腐核盘菌（*Sclerotinia nivalis*）
越冬场所	以菌核在病残体中越冬
传播途径	不详
发病规律	该病主要集中在苍术休眠期，最适温度为20℃，发病高峰期在4月中下旬至5月中旬

北苍术菌核病田间症状

防治适期　秋季北苍术采收后。

防治措施

1.农业防治　①轮作深翻，清除越冬菌源。②加强田间栽培管理，增强植物抗病能力。

2.土壤消毒　秋季采收后进行土壤消毒处理，可选用三氯异氰尿酸滴灌。

北苍术根腐病 ·······

田间症状 须根呈现黄褐色，后变成深褐色，由根部向茎秆扩展蔓延。发病后期，茎秆腐烂，表皮层和木质部脱离，最后全株死亡。

北苍术根腐病田间症状

发生特点

病害类型	真菌性病害
病原	尖孢镰刀菌（*Fusarium oxysporum*）
越冬场所	以菌丝体在土壤中、病残体中越冬
传播途径	通过雨水或灌溉水传播
发病规律	一般在3月下旬至4月上旬发病，5月进入发病盛期。高温高湿、土壤排水不畅，连作地块有利于该病害的发生，春季多雨的年份发病重

防治措施

1.农业防治 ①加强水肥管理，增强植株抗病能力。②合理轮作，可与禾本科植物进行轮作、套作。

2.药剂防治 ①发病前可喷四霉素预防。②根部可用100亿芽孢/克的枯草芽孢杆菌粉剂滴灌，用量为1千克/亩。③可使用甲霜·噁霉灵、多菌灵等进行土壤消毒，且可兼治猝倒病、立枯病。

北苍术白绢病

田间症状　主要为害根茎或茎基部，整个生育期都可被侵染。发病初期，地上部分无明显症状。发病后期，感病根茎部皮层逐渐变成褐色坏死。在潮湿条件下，受害的根茎表面或近地面土表覆有白色菌丝。

北苍术白绢病田间症状

发生特点

病害类型	真菌性病害
病原	齐整小核菌（*Selerotium rolfsii*）
越冬场所	以菌核在土壤中越冬
传播途径	通过土壤、雨水或灌溉水传播
发病规律	病菌喜高温高湿环境，在温度30～35℃、潮湿的环境下，病菌生长极快，在6月上旬至8月中旬，天气时晴时雨，最有利于该病的发生发展。黏性土壤、排水不良的田块有利于发病

（续）

病害循环	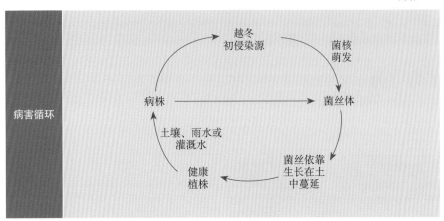

防治措施

1.农业防治　①科学选地。选择土壤肥沃、土质疏松、排水良好的土地。②轮作倒茬。与水稻、小麦、玉米等禾本科作物进行2年以上轮作。③深翻改土。冬季要进行深耕，将病株残体深埋，清除侵染源。

2.药物防治　可选用噻呋酰胺喷雾，发病严重地块随滴灌施用。

北苍术枯萎病

田间症状　感病植株失绿干枯，很多植株的个别分枝出现发黄干枯，但不落叶。植株接近地面的维管束变黑内部腐烂。

发生特点

病害类型	真菌性病害
病原	茄病镰刀菌（*Fusarium salani*）和木贼镰刀菌（*F. equiseti*）
越冬场所	不详
传播途径	通过雨水、灌溉水传播
发病规律	病菌从植株伤口或迈地面的根部侵入，5月下旬开始发病

北苍术枯萎病田间症状

防治措施

　　1.**健身栽培**　①浇水时，健康地块与发病地块分开浇。②及时铲除病株并对原穴进行杀菌处理。

　　2.**药剂防治**　春季萌发前对土壤进行消毒杀菌，病害发生前药物预防。可选用精甲·噁霉灵喷雾预防，滴灌可施用枯草芽孢杆菌。

北苍术黑斑病

田间症状　发病初期从茎基部开始发病，逐步向上部叶片扩展，为害后期叶片病斑呈灰褐色，叶片产生霉层，逐渐枯萎脱落，仅剩茎秆。

北苍术黑斑病初期症状

发生特点

病害类型	真菌性病害
病原	链格孢属真菌（*Alternaria* sp.）
越冬场所	以菌丝体、分生孢子在病残体上越冬
传播途径	通过风雨传播

（续）

| 发病规律 | 5月中下旬开始侵染发病，7～9月为发病盛期，湿度大利于病害流行 |

防治适期 发病前开始预防（5月前）。

防治措施

1.农业防治 ①科学施肥，增施磷、钾肥，提高植株抗病力。②秋后清除枯枝、落叶，及时深埋处理。③加强栽培管理，合理密植，注意通风透光。④适时灌溉，雨后及时排水，防止湿气滞留。

2.药剂防治 在病害发生前，使用嘧菌酯或代森锰锌，交替使用防治效果较好。

第十三节 半 夏

半夏（*Pinellia ternata*）又名地文、守田等，属天南星科多年生草本植物，以块根入药。具有燥湿化痰、降逆止呕、消痞散结的作用。主要分布于中国长江流域以及东北、华北等地区，在西藏也有分布，生长于海拔2 500米以下。主要病虫害有根腐病、叶斑病、病毒病、红天蛾等。

半夏根腐病

田间症状 主要为害地下块茎，造成块茎部分或全部腐烂，有干腐和湿腐两种表现，在半夏生长期和贮藏期均可发生。发病初期根系开始萎缩，地上部叶片逐渐枯萎，由绿色变黄色，块茎周边出现不规则形黑色斑点，逐渐向四周迅速扩展，3～4天后众多的病菌斑点连在一起，向块茎内部侵染。蔓延的病菌会迅速侵染其他半夏块茎，散发腥臭难闻的气味。

半夏根腐病田间症状

发生特点

病害类型	真菌性病害
病原	镰刀菌属真菌（*Fusarium* sp.）
越冬场所	病菌在土壤中和病残体上越冬
传播途径	通过雨水、灌溉水传播
发病规律	块茎越大抗病力越弱，块茎越小抗病力越强。阴雨连绵，土壤湿度大或土壤板结，正处于迅速膨大期的半夏块茎易发病

防治适期 半夏块茎生长膨大时期。

防治措施

1.种茎处理 播种前，种茎可用多菌灵浸种10分钟，或1份多菌灵和1份乙膦铝浸种半小时。

2.健身栽培 ①增施磷、钾肥和有机肥，促进半夏的生长发育，还能提高抗病能力。②遇到连阴雨天气后应及时排水，避免积水。③中耕松土，以打破土壤的板结层，释放土壤中的有害气体，使空气中的新鲜氧气进入。④与禾本科植物轮作，一般5年左右轮作1次，不宜与玄参科、菊科、毛茛科的药材轮作。

3.药剂防治 染病初期，使用小檗碱和大蒜素，发现病苗后立即拔除。

半夏叶斑病 ·······························

田间症状　主要为害叶片，染病叶片出现一个或多个紫褐色斑点，发病严重时病斑布满全叶，使叶片卷曲焦枯，且病斑可迅速向叶片和周边田地扩散。

半夏叶斑病田间症状

发生特点

病害类型	真菌性病害
病原	叶点霉属真菌（*Phyllosticta* sp.）
越冬场所	不详
传播途径	通过雨水、气流传播
发病规律	相对湿度在90%以上，连续阴雨天气，病情扩展快。重茬、酸化、板结、盐渍化等土壤问题易发病

防治适期　春季4月初。

防治措施

1.健身栽培　①土壤改良。在种植前用微生物菌剂进行土壤改良，补充营养元素，促进作物生长。②及时排水。半夏对水分要求很高，喜水又怕积水，要做好排水工作，最好能起垄种植。

2.药剂防治　①发病时，喷波尔多液或65%代森锌可湿性粉剂500倍液，每7～10天喷1次，连喷2～3次。②用小檗碱和大蒜素喷雾，共喷2～3次，每隔2～3天喷1次。

半夏病毒病 ································

田间症状 主要为害叶片。叶片出现花叶、皱缩、畸形，至出现不规则褪绿、黄色条斑及明脉等。有些植株有隐症现象。不同种类病毒引起症状不同，常造成植株生长不良，块茎减产。

发生特点

病害类型	病毒性病害
病原	芋花叶病毒（*Dasheen mosaic virus*，DMV）等
传播途径	通过种茎带毒、昆虫传毒以及农事操作传播
发病规律	多在初夏、高温多雨、蚜虫或灰飞虱等发生的情况下发生并蔓延

防治适期 块茎种植前和蚜虫等传毒害虫发生初期。

防治措施

1.健身栽培 ①选择无病的地块种植，土壤以中壤土为宜，pH 6.5～7.5。②严格筛选半夏良种，上一年发生病害的地块所产的半夏块茎和野生的半夏块茎不可以做种茎用。③多施用经发酵并腐熟的有机肥，适当追施磷、钾肥。

2.防治传毒昆虫 半夏出苗后，及时彻底消灭蚜虫、灰飞虱等传毒昆虫。①蚜虫防治。可以通过防虫网、黏虫板等措施防治，也可以选用溴氰菊酯或氯氰菊酯，每隔7～10天喷1次，交替喷雾2～3次。②灰飞虱防治。可以选用吡蚜酮等农药交替喷雾防治。

红天蛾 ································

红天蛾（*Pergesa elpenor*），又名红夕天蛾、暗红天蛾、葡萄小天蛾、累氏红天蛾，属鳞翅目天蛾科。主要为害半夏、掌叶半夏、忍冬、柳叶菜、葡萄、爬山虎、地锦等多种植物。

为害特点 以幼虫咬食叶片，初孵幼虫在叶背啃食表皮，形成透明斑。二龄幼虫可将叶片食成小孔洞，三龄幼虫从叶缘将叶片食成缺刻，四至五龄幼虫食量最大，发生严重时，可将叶片食光。

形态特征

成虫：体长25～40毫米，翅展40～70毫米。体、翅以红色为主，有红绿色闪光。头部两侧及背部有两条纵行的红色带；腹部背线红色，两侧黄绿色，外侧红色；腹部第1节两侧有黑斑。前翅基部黑色，前缘及外横线、亚外缘线、外缘及缘毛都为暗红色，外横线近顶角处较细，愈向后缘愈粗；中室有

红天蛾成虫

一白色小点；后翅红色，靠近基半部黑色；翅反面色较鲜艳，前缘黄色。

卵：扁圆形，直径1～1.5毫米，初产时鲜绿色，孵化前淡褐色。

幼虫：共5龄。老熟幼虫体长75～80毫米。头和前胸小，后胸膨大，体上密布网纹。胸部淡褐色，鳞片状。腹部第1～2节背面有1对深褐色眼状纹，纹中间有月牙形的淡褐色斑，斑周围白色，各腹节背面有浅色横线，体侧有浅色斜线，尾角黑褐色，腹部腹面黑褐色。

蛹：纺锤形，长42～45毫米，棕色，有零星暗褐色斑。

红天蛾幼虫

红天蛾蛹

发生特点

发生代数	在南方地区1年发生5代

（续）

越冬方式	以蛹在土表下蛹室中越冬
发生特点	翌年4月下旬开始羽化，出现越冬代成虫，以5月中旬至7月中旬发生量大，为害最严重
生活习性	成虫日伏于半夏植株或树林阴处，黄昏时开始活动，吸食花蜜，趋光性强。成虫将卵散产于半夏叶背，少数在叶面，多数一叶只产一粒。高龄幼虫一夜间可将10余株半夏的叶吃尽，遇食料缺乏时向四周扩散。幼虫老熟后，吐丝卷叶或用土粒筑成蛹室化蛹

防治适期 越冬成虫羽化期灯光诱杀，化学防治最好在卵期及低龄幼虫期。

防治措施

1.农业防治　①秋后至早春翻耕土壤，以消灭越冬蛹。②清洁田园，中耕松土破坏其化蛹场所。③幼虫发生期结合中耕除草，进行人工捕捉。

2.物理防治　利用黑光灯诱杀成虫。

3.药剂防治　幼虫为害初期喷洒虫螨腈、溴氰菊酯、氟啶脲等药剂进行化学防治。

第十四节　桔　　梗

桔梗（*Platycodon grandiflorus*）为桔梗科多年生草本植物，以根入药，味、甘、苦、辛，性微温。有止咳祛痰、宣肺、排脓等作用，主要在我国东北、华北、华东、华中以及华南等地区栽培。主要病虫害有根腐病、轮纹病、斑枯病、蚜虫等。

桔梗根腐病

田间症状 初期根局部呈黄褐色腐烂，以后逐渐扩大，导致叶片和枝条变黄枯死，湿度大时，根部和茎部产生大量粉红色霉层，最后严重发病时，全株枯萎。

桔梗根腐病田间症状

发生特点

病害类型	真菌性病害
病原	镰刀菌属真菌（*Fusarium* sp.）
越冬场所	以菌丝体、厚垣孢子或菌核土中或病残体上越冬
传播途径	通过风雨传播
发病规律	6～8月高温高湿条件下，有利于发病

防治措施

1.轮作防病　在重病区实行水旱轮作，或与非寄主植物小麦、夏黄豆或玉米轮作，可降低土壤带菌量，减轻发病程度。

2.拔除病株　发现病株及时拔除销毁，并在病穴处浇注10%石灰水进行消毒，防止进一步传染。

3.健身栽培　①增施腐熟有机肥，做到氮、磷、钾肥、生物微肥配比合理。②在低洼地或多雨地区种植，应作高畦，注意排水。

4.药剂防治　①在整地前，育苗地和栽培地每亩撒施1～1.5千克哈茨木霉菌。②发病时，用枯草芽孢杆菌、噁霉灵或多·硫等药剂灌窝，每10～15天灌1次，连灌2～3次。

桔梗轮纹病 ···

田间症状　主要为害叶部，叶片上病斑浅褐色，圆形至不规则形，具2～3圈同心轮纹，上密生小黑点，病害严重时，叶片干枯。

发生特点

病害类型	真菌性病害
病原	桔梗小光壳（*Leptosphaerulina platycodonis*）
越冬场所	以菌丝或假囊壳在病叶的病斑中越冬
传播途径	通过风雨传播
发病规律	6月开始发病，7～8月发病严重，高温多湿易发病

防治措施

1.农业防治　①冬季清园，把田间枯枝落叶、杂草集中处理。②夏季高温发病季节，加强田间排水，降低田间湿度，以减轻发病。

2.药剂防治　发病时，可选用波尔多液、多菌灵、代森锌、甲基硫菌灵等药剂喷雾防治。

桔梗斑枯病 ···

田间症状 主要为害叶片，发病初期，在叶片上出现黄白色或紫褐色斑点，圆形或近圆形，直径2～5毫米，或受叶脉限制呈不规则形，后期病斑灰褐色并密生小黑点，严重时病斑连成片，引起叶片枯死。

发生特点

病害类型	真菌性病害
病原	桔梗多隔壳针孢（*Septoria platycodonis*）
越冬场所	以分生孢子器在病残组织上越冬，或以菌丝体在根芽、残茎上越冬
传播途径	通过风雨传播
发病规律	偏施氮肥造成倒伏后发病严重；栽植密度大，多雨潮湿时发病重

防治适期 春季发病初期。

防治措施

1.农业防治 ①选择地势高燥的沙质土种植。②收获后及时收集病残落叶并深埋。

2.药剂防治 ①发病时，及时摘除病叶，并用波尔多液、多菌灵、代森锌等药剂喷雾防治，每7～10天喷1次，连喷2～3次。

蚜虫 ···

蚜虫又称腻虫、蜜虫，为害桔梗的蚜虫种类繁多，如麦蚜、红花指管蚜、萝卜蚜、葱蚜、桃蚜等，体色有黑、黄、灰、绿、褐等，在我国桔梗种植区均有分布。

为害特点 蚜虫常常几十头或者上百头聚集在桔梗的嫩叶、嫩茎上为害，以刺吸式口器吸食桔梗汁液，使桔梗茎叶萎缩、卷曲、不能正常开花结实，根部也不能增大，影响产量和质量。

发生特点

发生代数	1年发生多代，繁殖周期短，世代重叠
越冬方式	不详
发生规律	春季5～6月蚜虫为害最为严重，6月底，夏季气温升高，雨水增多，蚜虫量减少，至8月虫口数量增加，随后因气候条件不适，产生有翅胎生雌蚜，迁飞到其他植物寄主上越冬
生活习性	群集为害，有趋黄性

防治适期 春季2～3月。

防治措施

1.清除杂草　桔梗园周边的杂草要彻底清除，这样可以有效地防止蚜虫潜入。

2.黄板诱杀　田间设置黄色粘虫板，主要利用蚜虫的趋黄性来诱杀蚜虫。

3.药剂防治　可选用双丙环虫酯、除虫菊素、鱼藤酮、印楝素、阿维菌素、噻虫嗪或吡虫啉等交替喷雾防治。

第十五节　川　芎

川芎（*Ligusticum chuanxiong*）为伞形科多年生草本，以干燥根茎入药，具有活血行气、祛风止痛的功效。主要分布在四川、云南、贵州等省份。主要病虫害有菌核病、根腐病、白粉病、叶枯病、茎节蛾、甜菜夜蛾、叶螨等。

川芎菌核病

田间症状 主要为害植株靠近地面的茎和叶柄。发病初期植株基部叶片呈现浅黑褐色水渍斑块，随后病斑逐渐扩展，颜色变深，叶片枯萎。茎基部受侵染后，初呈浅黑褐色水渍状病斑，随后逐渐发黑腐烂，绕茎一周，植株倒伏枯萎。湿度大时病部表面及周围土面可见白色棉絮状菌丝体，并逐渐形成黑色鼠粪状菌核。

川芎菌核病田间症状

发生特点

病害类型	真菌性病害
病原	核盘菌（*Sclerotinia sclerotiorum*）
越冬场所	以菌核、菌丝在土壤、病残体中越冬
传播途径	通过雨水传播
发病规律	主要在5～6月发生，生长后期雨水多，排水不良利于发病

（续）

病害循环	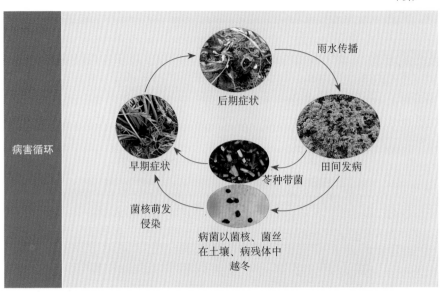

防治适期 非化学防治在栽种时进行，当田间川芎菌核病发病率达到5%时进行化学防治。

防治措施

1.实行轮作 与水稻或其他禾本科作物轮作，不宜与十字花科、豆科、茄科等作物轮作。

2.健身栽培 ①及时清除植株下部的老叶、病叶，以利于通风透光，降低田间湿度。②合理施肥，增施磷、钾肥，提高植株抗病力。

3.种苗处理 采用枯草芽孢杆菌、哈茨木霉浸泡苓种，作种苗消毒处理。

4.药剂防治 发病时，可选用盾壳霉、腐霉利、咪鲜胺或异菌脲等药剂全株喷雾或灌根，每隔7天施用1次，连施1~2次。

川芎根腐病

田间症状 主要为害根部和茎基部。发病初期植株侧根变褐腐烂，并逐渐向主根蔓延，湿度大时发病部位常有白色菌丝附着，根茎内部出现棕褐色病斑，若遇大气潮湿多雨，可迅速腐烂，甚至无法从土中拔起。地上部自下而上从外围叶片开始褪色枯萎变黄，直至全株枯死。

川芎根腐病田间症状

发生特点

病害类型	真菌性病害
病原	主要为腐皮镰刀菌（*Fusarium solani*）及尖孢镰刀菌（*F. oxysporum*）
越冬场所	以分生孢子、菌丝体在土壤及病残体上越冬
传播途径	通过土壤、雨水和农事活动传播
发病规律	9 ~ 10月田间零星发生，翌年3 ~ 6月发病进入高峰期。多年连作、偏施氮肥、排水不畅的地块发病重

防治适期 当田间发病率达到5%时进行化学防治。

防治措施

1.健身栽培　①及时清除老叶、病叶，以利通风透光，降低田间湿度。②合理施肥，增施磷、钾肥，提高植株抗病力。

2.种苗处理　采用枯草芽孢杆菌、哈茨木霉浸泡芩种，作种苗消毒处理。

3.药剂防治　发病时，可选用1 000亿芽孢/克枯草芽孢杆菌可湿性粉剂20 ~ 25克/亩、3亿CFU/克哈茨木霉可湿性粉剂5 ~ 6克/米^2、5%大蒜素微乳剂525 ~ 650毫升/亩等生物药剂喷淋茎基部或灌根，每隔7天施用1次，连续施用1 ~ 2次。

川芎白粉病 ······

田间症状 叶、茎、花均可受害，主要为害叶片。从下部叶片开始发病，叶表面出现灰白色粉状物，后逐渐向上部叶片和茎秆蔓延，发病后期病部灰白色病斑上出现黑色小点，严重时茎叶变黄枯死。

川芎白粉病叶部症状

发生特点

病害类型	真菌性病害
病原	独活白粉菌（*Erysiphe heraclei*）
越冬场所	不详
传播途径	通过气流、雨水传播
发病规律	植株抽生新叶和嫩茎时（3～4月）病害开始发生蔓延，5月上旬至7月高温高湿期逐渐加重

防治适期 当田间发病率达到10%时进行化学防治。

防治措施

1. 健身栽培 ①及时清除老叶、病叶，以利通风透光，降低田间湿度。②合理施肥，增施磷、钾肥，提高植株抗病力。

2. 药剂防治 发病初期，选用1 000亿孢子/克枯草芽孢杆菌可湿性粉剂60～100克/亩、99%矿物油乳油200～300克/亩、1%蛇床子素水乳剂150～200毫升/亩等药剂喷雾防治。

川芎叶枯病

田间症状 该病主要为害叶片，发病后叶片上呈现褐色的不规则斑点，严重时叶片焦枯，后期病部长出黑色小粒点。随后蔓延至全叶，致使全株叶片枯死。

川芎叶枯病田间症状

发生特点

病害类型	真菌性病害
病原	壳针孢属真菌（*Septoria* sp.）
传播途径	通过气流、雨水传播
发病规律	5～7月发生

防治适期 当田间发病率达到10%时进行化学防治。

防治措施

1.农业防治 ①及时清理病残体，清除植株下部的老叶、病叶，以利通风透光，降低田间湿度。②合理施肥，增施磷、钾肥，提高植株抗病力。

2药剂防治 发病时，选用咪鲜胺、代森锌或苯醚甲环唑等药剂全株喷雾1次。

川芎茎节蛾

川芎茎节蛾（*Epinotia leucantha*），又名北沙参钻心虫，属鳞翅目卷蛾科，是川芎生长期主要害虫，在我国川芎种植区均有分布。该虫还为害伞形科的当归、北沙参、白芷等植物。

为害特点　幼虫初期为害茎顶部，随后从心叶或叶鞘处钻入茎秆，咬食节盘，造成"通秆"，使川芎全株枯死。

川芎茎节蛾幼虫为害状

形态特征

成虫：体小型，体长5～7毫米，翅展14～19毫米，体灰褐色。前翅白色，翅前缘有数条黑白相间的短斜纹，后翅灰褐色。

卵：圆形，初产时白色，逐渐变成乳白色。

幼虫：老熟幼虫体长约14毫米，体粉红色，没有条纹。头部黄褐色，两侧各有黑色条斑一块。

蛹：红褐色，体长约8毫米。

发生特点

发生代数	1年发生4代
越冬方式	以老熟幼虫在川芎叶柄基部内侧结茧化蛹越冬

（续）

发生规律	一般于育苓期、苓种贮藏期、茎发生至倒苗期为害川芎。越冬虫蛹于3月下旬至4月上旬羽化，第1代幼虫盛发期在5月上中旬，第2代在6月中下旬，第3代在7月中下旬，第4代在8月中下旬至9月上旬，其中以第2、3代幼虫发生最为严重
生活习性	成虫白天活动，喜产卵于叶背和叶柄茎，有趋光性

防治适期 低龄幼虫期（三龄前）。

防治措施

1.深翻土壤 收获后及时深翻土壤，消灭越冬虫茧。

2.灯光诱杀 架设诱虫灯，诱杀第1、2代成虫，减少种群基数，降低落卵量。

3.药剂防治 ①苓子栽种前，挑选无病虫苓子，用敌百虫浸泡20～30分钟，杀死茎内幼虫，晾干后栽种。②防治适期选用辛硫磷或敌百虫等药剂喷雾防治。

甜菜夜蛾

甜菜夜蛾（*Spodopterae xigua*）属鳞翅目夜蛾科，是川芎生长期主要害虫，在我国川芎种植区均有分布。该虫为杂食性害虫，还可为害玉米、棉花、甜菜、芝麻、花生、烟草、大豆、白菜、番茄、豇豆、葱等植物。

为害特点 初龄幼虫咬食叶片下表皮及叶肉，幼虫四龄以后进入暴食期，咬食叶片形成孔洞或缺刻，仅留主脉。

甜菜夜蛾幼虫为害状

形态特征

成虫：体长10～14毫米，翅展19～34毫米，体灰褐色。

卵：圆馒头形，白色，表面有放射状的隆起线。

幼虫：常为5龄，末龄幼虫体长约22毫米，体色变化很大，有绿色、暗绿色至黑褐色，腹部体侧气门下线为明显的黄白色纵带，有的带粉红色。

蛹：黄褐色，体长约10毫米。

发生特点

发生代数	1年发生3～11代
越冬方式	以老熟幼虫化蛹后在土壤中越冬
发生规律	越冬虫蛹于3月下旬至4月上旬羽化，第1代幼虫盛期在5月下旬至6月下旬，第2代在6月上旬至7月中旬，第3代高峰期为7月下旬至8月中旬，第4代高峰期为8月下旬至9月下旬，第5代高峰期为9月下旬至10月下旬，10月上旬老熟幼虫开始入土化蛹越冬。以6月中旬至7月上旬的第2、3代发生最为严重
生活习性	成虫昼伏夜出，有趋光性；幼虫昼伏夜出，有假死性，虫源量过大时，幼虫可互相残杀

防治适期 低龄幼虫期（三龄前）。

防治措施

1. 深翻土壤　收获后及时深翻土壤，消灭越冬虫蛹。

2. 灯光诱杀　架设诱虫灯，诱杀第2、3代成虫，减少种群基数，降低落卵量。

3. 药剂防治　卵期至低龄幼虫期，喷施5亿/毫升甜菜夜蛾核型多角体病毒悬浮剂140～180毫升/亩、32 000/毫克苏云金杆菌可湿性粉剂40～60克/亩、150克/升茚虫威悬浮剂10～18毫升/亩等药剂。交替用药，每隔7～10天喷施1次，连喷1～2次。

叶螨

为害川芎的叶螨主要为朱砂叶螨（*Tetranychus cinnabarinus*），属蜱螨目叶螨科，在我国川芎种植区均有分布。该虫还可为害地黄、枸杞等多种中药材。

朱砂叶螨

为害特点 由成、若螨聚集在叶背面刺吸川芎叶背组织的汁液，使川芎叶正面出现黄白色斑点，之后叶面出现小红点。严重发生时，叶片完全变白干枯，影响植株光合作用。在田边先点片发生，后以受害株为中心，向周围扩散。

叶螨为害状

形态特征

雌成螨：体长0.42 ~ 0.55毫米，宽0.26 ~ 0.35毫米。体椭圆形。体色一般为深红色或锈红色。体躯的两侧有两块黑褐色长斑，有时分为前后2块，前方斑块略大。

雄成螨：体长0.35 ~ 0.42毫米，宽0.18 ~ 0.23毫米，比雌螨小。体色为红色或橙红色。背面呈菱形，头胸部前端圆形。腹部末端稍尖。

朱砂叶螨雌成螨及卵

卵：圆球形，直径约0.13毫米。初产时无色透明，后变为淡黄至深黄色，孵化前呈微红色。

幼螨：体近圆形，长约0.15毫米，宽约0.12毫米。色泽透明，取食后变暗绿色，足3对。

若螨：长约0.21毫米，宽约0.15毫米。足4对。体形、体色和成螨相似。

发生特点

发生代数	1年发生10 ~ 20代
越冬方式	雌成螨于向阳处的枯叶内、杂草根际、土块及树皮裂缝内越冬
发生规律	高温低湿利于发生，6 ~ 8月发生为害严重
生活习性	该虫靠爬行及风雨扩散；雌螨可孤雌生殖

防治适期 卵期和若虫期是最佳药剂喷雾防治时期，当田间百株螨量达到100头时进行化学防治。

防治措施

1.农业防治 清除田边杂草，深翻土壤，消灭越冬虫源。

2.生物防治 使用0.26%苦参碱水剂150倍液进行喷雾防治；保护和利用南方小花蝽、草蛉、捕食螨等天敌。

3.化学防治 发生时，选用阿维菌素或哒螨灵、噻螨酮，每隔7～10天喷一次，连喷1～2次。

温馨提示

注意轮换用药，喷药重点主要是植株上部嫩叶、嫩茎。

第十六节 麦 冬

麦冬（*Ophiopogon japonicus*）也叫沿阶草、麦门冬，是百合科多年生草本植物，以干燥块根入药。具有养阴清热、润肺止咳的功效。麦冬主要在浙江、四川、福建、江苏、安徽、山东、湖北等省份人工栽培，产于四川的麦冬称为川麦冬，产于浙江的麦冬称为浙麦冬。主要病虫害有根腐病、炭疽病、根结线虫病、黑斑病、韭菜迟眼蕈蚊等。

麦冬根腐病

田间症状 麦冬根腐病生产上又称为"红锈病"，全生育期均可发生。从茎基部开始发病，变成红褐色，最后坏死。块根发病从顶部开始，产生红褐色水渍状病斑，由病斑处逐渐变软，然后向基部发展，严重者块

麦冬根腐病根部症状

根腐烂。须根木质部红黑褐色腐烂，仅残留黑褐色的坏死维管束而呈干腐状。

发生特点

病害类型	真菌性病害
病原	主要为尖孢镰刀菌（*Fusarium oxysporum*）
越冬场所	以厚垣孢子或菌核随植物残体在土壤中越冬
传播途径	通过土壤、种苗、雨水传播
发病规律	9～10月田间零星发生，翌年3～5月发病率逐渐攀升

防治适期 当田间发病率达到5%时进行化学防治。

防治措施

1.健身栽培　①麦冬收获后及时清除病残体。②合理施肥，增施磷、钾肥，提高植株抗病能力。

2.药剂防治　①采用枯草芽孢杆菌、哈茨木霉菌等生物农药浸泡种苗。②采用10亿CFU/克枯草芽孢杆菌可湿性粉剂2～3克/米^2、3亿CFU/克哈茨木霉菌可湿性粉剂5～6克/米^{2}等生物农药喷淋茎基部或灌根，每隔7天施用1次，连续施用1～2次。

麦冬炭疽病

田间症状 病斑发生在叶尖、叶缘或叶中部，呈圆形、长椭圆形至不规则形，叶尖被害呈褐色枯死，并向下扩展，后变为枯白色，病健交界处呈红褐色纹状，后期病部散生黑色小点，病斑上下扩展或相互汇合，造成叶片枯死。

麦冬炭疽病田间症状

发生特点

病害类型	真菌性病害
病原	不详
越冬场所	以分生孢子和菌丝在病株上越冬
传播途径	通过风雨传播
发病规律	5月田间零星发生，翌年3～5月发病率逐渐攀升，夏秋季发生为害重

病害循环	

病菌在病株上越冬

病株

分生孢子

风雨传播

再侵染

健株

防治适期 当田间发病率达到10%时进行化学防治。

防治措施

1.健身栽培　雨季及时排除积水，降低田间湿度，科学施肥，提高植株自身抗病能力。

2.药剂防治　①栽种前进行种苗处理，采用枯草芽孢杆菌、哈茨木霉药剂浸泡种苗，作种苗消毒处理。②防治适期选用唑醚·戊唑醇、代森锰锌或咪鲜胺等药剂喷雾防治，每隔7天喷1次，连喷1～2次。

麦冬根结线虫病 ·····························

田间症状 主要为害根部，根的各个部位均可能被害，以根尖尤为明显。根部被害，初期须根端部膨大，形成大小和数目不等的瘤状物，在较大的根上多呈结节状膨大。后期根部表面粗糙、开裂，呈红褐色。折断根结膨大处，可见其中有乳白色发亮的球状物。

麦冬根结线虫病根部症状

发生特点

病害类型	线虫性病害
病原	主要为南方根结线虫（*Meloidogyne incohnita*）

（续）

越冬场所	以卵和幼虫在病残体或土壤中越冬
传播途径	通过水流、种苗传播
发病规律	适当降雨有利于线虫的孵化和侵染，但在干燥或过湿土壤中，其活动受到抑制。土壤质地疏松、盐分低的条件适合线虫活动，有利于发病
病害循环	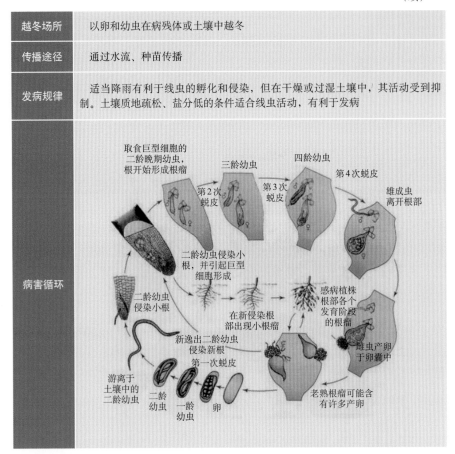

🔲 **防治适期** 当田间发病率达到5%时进行化学防治。

🔲 **防治措施**

1.病田实行轮作或间作　与禾本科轮作或间作，如与水稻的水旱轮作或与玉米间作，有利于减少线虫为害，注意避免与豇豆、芋头、甘薯、瓜类、罗汉果、白术、丹参等作物轮作。

2.选用健康种苗　从无病地选取健康无病株作种苗。

3.土壤消毒　麦冬采挖后及时深翻，土壤施用淡紫拟青霉、厚孢轮枝菌、阿维菌素等生物农药。

4.药剂淋、灌根　可选用噻唑膦和乙蒜素进行淋根、灌根。

麦冬黑斑病 ····································

田间症状 发病初期，叶片褪绿，叶尖及叶缘发黄，逐渐向叶基扩展；后期病斑呈灰褐色及灰白色，病部与健部交界处为紫褐色，病害多由叶片外缘向内蔓延，最后全株枯黄死亡。

麦冬黑斑病叶部症状

发生特点

病害类型	真菌性病害
病原	链格孢属真菌（*Alternaria* sp.）
越冬场所	以菌丝或分生孢子在枯叶及种苗上越冬
传播途径	通过风雨传播
发病规律	一般于5月中下旬开始发生，7～8月为发病盛期，高温高湿易发病

防治适期 在5月中旬，发病中心出现时。

防治措施

1. 合理密植　一般每亩定植9万～11万株，注意改善田间通风透光条件，控制病害蔓延。

2. 药剂防治　①栽种前用代森锌浸苗，以杀灭种苗上的越冬病菌。②控制发病中心，可选用碱式硫酸铜、甲基硫菌灵或多抗霉素等药剂，每隔7～10天喷1次，连喷3～4次。

韭菜迟眼蕈蚊

韭菜迟眼蕈蚊（*Bradysia odoriphaga*），属双翅目眼蕈蚊科，又名韭蛆，该虫取食范围较广，可为害百合科、菊科、藜科、十字花科、葫芦科、伞形科等多种蔬菜。

为害特点　以幼虫聚集取食麦冬叶片基部及根部，引起根部腐烂，叶片发黄，致使麦冬叶片萎蔫，严重时根苗死亡。

形态特征

成虫：雄虫体长2.0～4.8毫米，黑褐色，雌虫体长4～5毫米，两者相似，但雌虫触角较短且细。

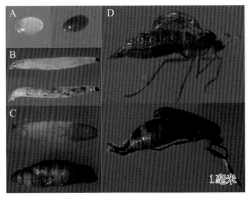

韭菜迟眼蕈蚊形态　　　　　　韭菜迟眼蕈蚊为害状

A、卵　B、幼虫　C、蛹　D、成虫

卵：椭圆形，乳白色，长约0.2毫米。

幼虫：体长1～7毫米，头漆黑色有光泽，体白色，无足。

蛹：裸蛹，初蛹黄白色，后转黄褐色，羽化前呈灰黑色。

发生特点

发生代数	1年发生3～9代
越冬方式	以老熟幼虫在土壤越冬
发生规律	翌年3月下旬，越冬幼虫在距地面1～2厘米深处化蛹，4月上中旬羽化为成虫，5月中下旬为第1代幼虫为害盛期，5月下旬至6月上旬成虫羽化
生活习性	成虫不取食，喜腐殖质，有趋光性，但喜在阴湿弱光环境下活动；幼虫有吐丝结网，群集网下取食的习性

防治适期 早春成虫羽化期诱杀成虫，6月上旬用药剂防治低龄幼虫。

防治措施

1.合理轮作换茬 可与麦类、油菜、棉花、芝麻、花生、萝卜等作物轮作，不宜与百合科植物轮作。

2.合理施肥 提倡农家肥腐熟后再施用，增施磷、钾肥，以减少葱蝇、蛴螬的发生与为害。

3.药剂防治 ①可选用苦参碱，顺垄灌根。②可用噻虫胺、噻虫嗪、吡虫啉或氟啶脲混土撒施。

第十七节 乌 头

乌头（*Aconitum carmichaelii*）为毛茛科植物，其子根称为附子，具有回阳救逆、补火助阳、散寒止痛的功效。主要在我国四川、陕西、云南、湖北、山东等省份人工栽培。主要病虫害有白绢病、根腐病、霜霉病等。

乌头白绢病

田间症状 被害茎基和主根交界处，出现水渍状病斑，皮层变成褐色，块根开始腐烂，地上部分叶片表现萎黄，最后导致植株枯死。田间湿度大时，植株周围产生白色绢丝状菌丝体和黑褐色油菜籽粒状菌核。

乌头白绢病田间症状

发生特点

病害类型	真菌性病害
病原	齐整小核菌（*Sclerotium rolfsii*）
越冬场所	以菌核在土壤、病残体上休眠越冬
传播途径	不详
发病规律	主要在5～7月发生，田间排水不良、郁闭度大的环境利于发病

防治适期 当田间发病率达到5%时进行化学防治。

防治措施

　　1.合理轮作　可与小麦、玉米等作物轮作倒茬。

　　2.药剂防治　①采用枯草芽孢杆菌、哈茨木霉菌等生物制剂浸泡种苗，作种根消毒处理。②发病初期将病株和病土挖起深埋，并选用甲霜灵·锰锌、噻呋酰胺对病株及附近的健壮植株灌根，防治病害蔓延。

乌头根腐病

田间症状 主要为害植株茎基部和根部，病部初为水渍状病斑，后不断扩大，变褐软腐，地上部分叶片萎黄下垂，最后植株枯死，病株极易拔起。

乌头根腐病根部症状

发生特点

病害类型	真菌性病害
病原	腐皮镰刀菌（*Fusarium solani*）等
越冬场所	病菌在种根、病残体、土壤中越冬
传播途径	通过雨水、灌溉水传播
发病规律	5～6月为发病高峰期，田间排水不良、土质黏重地发病重

（续）

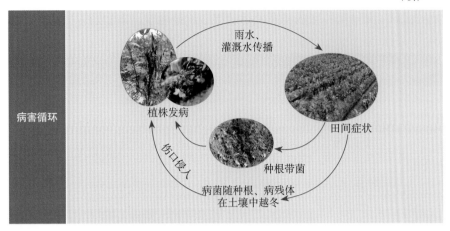

病害循环

雨水、灌溉水传播

植株发病

田间症状

种根带菌

伤口侵入

病菌随种根、病残体在土壤中越冬

防治适期 当田间发病率达5%时进行化学防治。

防治措施

1.合理轮作 提倡水旱轮作，宜与禾本科、豆科、茄科作物进行轮作。

2.健身栽培 深耕晒垡，注意田间排水，修根时尽量避免伤及主根和茎基部。

3.种苗处理 采用枯草芽孢杆菌、哈茨木霉菌等生物制剂浸泡种苗，作种苗消毒处理。

4.病株处理 零星发病时连根拔除病株并销毁，对病穴及其邻近植株和土壤用枯草芽孢杆菌、木霉菌、噁霉灵等杀菌剂灌根。

乌头霜霉病

田间症状 种根带菌长出的病苗多表现为全株性症状，即植株瘦小，叶色淡黄，稍后出现不均匀的紫褐色斑驳，不同程度的向下反卷、扭曲和变厚（老叶表现尤为明显），叶片背面密生灰紫色的霉层，俗称"灰苗子"。受害植株往往生长不良，发病早而重的苗可能死亡。病菌再侵染多发生在植株上部的幼叶，引起叶片局部失绿，呈黄白色，俗称"白尖"，后期叶背也会产生灰紫色霉层。

乌头霜霉病田间症状

发生特点

病害类型	真菌性病害
病原	乌头霜霉（*Peronospora aconiti*）
越冬场所	以卵孢子、菌丝在病残体中越冬
传播途径	通过风雨传播
发病规律	病害主要发生在3月中下旬至5月上旬，此时气温偏低，雨水多，利于发病。5月中旬后气温升高，随着植株打顶和叶片变老，病害在田间的发展基本停止
病害循环	叶背灰紫色霉层　风雨传播　再侵染　侵染健株　种根带菌　越冬菌源　苗期感染"灰苗子"

防治适期 当田间发病率达到5%时进行化学防治。

防治措施

1.农业防治 ①建立无病留种地，用无病种根栽种。②收获后及时清除病残体，减少初侵染源。③田间零星发病时，可拔除病株销毁，减少田间再侵染源。

2.种根及土壤处理 ①采用枯草芽孢杆菌、哈茨木霉菌等生物制剂浸泡种苗，作种根消毒处理。②土壤施入木霉菌等制剂作土壤处理。

3.化学防治 可喷施氨基寡糖素、霜霉威、烯酰吗啉、吡唑醚菌酯、甲霜灵等广谱杀菌剂。

第十八节 百 合

百合（*Lilium* spp.）为多年生草本植物，其鳞茎可入药，具有清热解毒、生津止渴、养心安神、润肺美容等功效。我国吉林、黑龙江、辽宁等省份有人工种植，主要病虫害有根球腐烂病、灰霉病、蚜虫、刺足根螨、韭菜迟眼蕈蚊等。

百合根球腐烂病

百合根球腐烂病也称枯萎病，是较为普遍的地下病害。

田间症状 春季出苗期，带菌球根在条件适宜时发生腐烂，导致田间大量缺苗。健苗感病后生长缓慢，叶片自下而上失绿，地上部常见立枯或猝倒症状。生长期的健株感病，地上部表现为叶尖失绿软化并向叶基扩展，整叶干枯，严重时植株变为黑褐色或紫色，进而萎蔫、倒伏、干枯。在地下部常见鳞叶、根盘、肉质根褐变，严重时鳞叶上可见较大褐色病斑、疮痂，根盘和地下茎腐烂，严重影响外观品质和产量。

百合根球腐烂病球根症状

发生特点

病害类型	真菌性病害
病原	主要由镰刀菌属真菌（*Fusarium* spp.）和立枯丝核菌（*Rhizoctonia solani*）等多种真菌复合侵染引起
越冬场所	通过菌丝、菌核、孢子等方式附着在种球上越冬，也可以在病残株上及土壤中越冬
传播途径	通过带病种球及土壤传播
发病规律	当有根螨、韭蛆等地下害虫为害，以及气温高、土壤湿度大时，会进一步加重球根腐烂程度

防治措施

1.健身栽培　①百合不耐盐碱，在土层深厚、肥沃疏松的微酸性土壤中生长较好，以pH5.5～6.5的沙壤土最佳，土壤黏重地块不适合种植。②除在出苗期和发根期需要保持土壤湿润，其余生长期土壤湿度均不宜过高，应避免大水漫灌，若雨后田间积水，要及时排除。

2.遴选种球　挑选只有一个鳞芽、无病虫斑、洁白、无霉点、茎基盘损伤少、鳞片抱合紧密、大小中等的球根栽植，严格别除畸形、夹有烂瓣的球根。

3.药剂防治　①播前种球处理。采用咯菌腈·嘧菌酯·噻虫嗪浸种，捞出阴干，浸种药剂也可换为甲基硫菌灵、噻虫嗪。②种床土壤处理。撒施5亿/克枯草芽孢杆菌缓释肥20千克/亩，且用25%嘧菌酯悬浮剂100～200克/亩，在覆土前对种球及床土喷雾。③生长期施药防治。发病时，采用甲基立枯磷、甲霜·噁霉灵或嘧菌酯等药剂灌根。

百合灰霉病 ·······················

田间症状 主要为害叶片，也侵染茎、花蕾和花瓣。发病初期在叶片上可见浅褐色针状圆点，在高湿条件下很快发展成界线分明的圆形或椭圆形病斑，叶背面可见水渍状病斑扩展，后期病斑呈纸状透明、边缘紫红色。花瓣感病时呈现灰色水渍状病斑。

百合灰霉病症状

发生特点

病害类型	真菌性病害
病原	椭圆葡萄孢（*Botrytis elliptica*）
越冬场所	以菌丝体和菌核在病株和病残体上越冬
传播途径	通过风雨传播
发病规律	冷凉、多湿环境易发病

防治措施

1.科学选地 选择土层深厚肥沃、疏松透气、排水良好的沙质缓坡地进行种植。避免连作。

2.土壤消毒 结合翻耕整地每公顷施75～120千克石灰进行土壤消毒杀菌。

3.化学防治 防治适期采用嘧菌酯、啶氧菌酯或嘧菌环胺等药剂进行茎叶喷雾。

蚜虫

为害百合的蚜虫主要是大豆蚜（*Aphis glycines*），属半翅目蚜科，还可为害鼠李属植物等。

为害特点 成虫、若虫群集在叶片上刺吸汁液为害，可引起叶片干枯、植株萎缩、生长不良、花蕾畸形、叶片黄化等症状。同时，还可传播病毒，造成植株矮化、鳞茎变小。

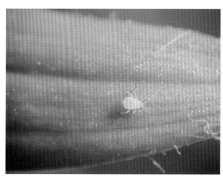

蚜虫为害状

形态特征

无翅雌成蚜：体长1～1.6毫米，长椭圆形。身体半透明，黄至黄绿色。生有3～4对长毛。

有翅雌成蚜：体长1～1.5毫米，长椭圆形，头、胸黑色，额瘤不明显，腹部圆筒状，基部宽，黄绿色。生有2～4对长毛。

大豆蚜无翅雌成蚜

发生特点

发生代数	在东北地区，一年可发生20 ~ 30代
越冬方式	以卵在鼠李属植物枝条腋芽间越冬
发生规律	翌年春季在寄主植物上进行孤雌生殖，产生有翅蚜，进入夏季后，开始迁飞到百合上长期为害。6月末至7月中下旬是为害盛期
生活习性	有强烈的趋嫩习性，喜食幼嫩叶片

防治适期 夏初盛发前防治。

防治措施

1.农业防治　应选择远离大豆连片区种植东北甜百合。与其他作物进行合理间作或轮作。

2.药剂防治　采用球孢白僵菌、啶虫脒、吡蚜酮、吡虫啉或噻虫嗪等药剂叶面喷雾。

刺足根螨 ·······························

刺足根螨（*Rhizoglyphus echinopus*）又名球根粉螨，属蛛形纲蜱螨目粉螨科，在我国百合种植区分布广泛，可为害百合、马铃薯、胡萝卜、大葱、洋葱、大蒜、葡萄、甜菜等作物。刺足根螨既有寄生性也有腐生性，还可携带病毒。

为害特点 早期在地下以若螨和成螨在鳞叶表面取食为害，中、后期进入鳞叶内部取食为害，形成外小内大的孔洞，受害部位多变为深褐色，逐渐变软、坏死、腐烂。叶片从下向上变黄脱落，造成植株矮化，甚至死亡。

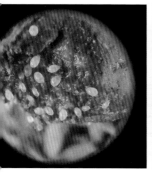

刺足根螨为害状

形态特征

成螨：体长0.6～0.9毫米，呈梨形，乳白色或白色，体表平滑有光泽，足4对，淡褐色至深褐色。休眠体黄褐色。

幼螨：体长0.26～0.3毫米，体乳白色，半透明，足3对。

若螨：体长0.3～0.4毫米，近椭圆形，足4对。

卵：乳白色，长椭圆形，散生或成簇排列。

发生特点

发生代数	露地栽培条件下一年可发生9～10代
越冬方式	主要以成螨或若螨在土壤、被害植株以及储藏的鳞茎、鳞片内越冬
发生规律	刺足根螨喜欢高湿的土壤环境，发育适温15～25℃，适宜湿度94%～100%，土壤湿度越大，繁殖越快
生活习性	刺足根螨既有寄生性也有腐生性，活动性强，受到刺激后能迅速移动

防治措施

1.农业防治　实行轮作换茬，如百合与水稻进行水旱轮作，不宜连茬种植，避免与伞形花科、百合科等植物重茬种植。挑选健康无虫的种球进行栽植。

2.药剂防治　①药剂处理根球。播种前采用阿维菌素浸种，然后阴干播种。②生长期施药防治。宜选用阿维菌素、哒螨灵、螺螨酯、乙螨唑、噻虫胺等药剂灌根，发生严重时可适当加大用量。

韭菜迟眼蕈蚊

为害特点　以幼虫蛀入百合的鳞茎、根茎，导致根系和鳞茎腐烂。

形态特征　参照第一章第十六节"韭菜迟眼蕈蚊"相关内容。

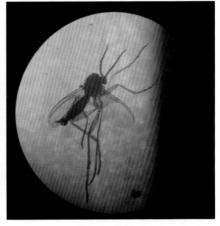

韭菜迟眼蕈蚊幼虫为害状　　　　　　韭菜迟眼蕈蚊成虫

发生特点

发生代数	1年发生3～4代
越冬方式	以幼虫在百合的鳞茎或根系周围3～4厘米深的表土层中越冬，保护地可终年繁殖，无越冬现象

（续）

发生规律	沙土田发生量多
生活习性	成虫对未腐熟粪肥、黄色有趋向性；成虫不取食为害，喜腐殖质，有趋光性，但喜在阴湿弱光环境下活动；幼虫营隐蔽式群居生活

防治适期　播种期、成虫羽化期、幼虫卵孵化盛期。

防治措施

1.农业防治　①挑选无虫无病的球根播种。②不宜连茬种植，忌选葱、韭、蒜、平贝、烟草、茄子、生菜茬。③施用有机肥应充分腐熟，达到无害化卫生标准，禁止使用抗生素超标的农家肥。

2.药剂防治　①播种期防治。采用金龟子绿僵菌或噻虫嗪制成药土撒施。②幼虫期防治。采用0.3%苦皮藤素水乳剂90～100毫升/亩灌根或土壤喷淋。③成虫羽化期防治。成虫开始零星出土时，采用阿维·苏云菌、苏云·茚虫威或高效氯氰菊酯等药剂土壤喷雾。

第十九节　浙　贝　母

贝母为百合科贝母属多年生草本植物的地下鳞茎，根据产地不同，可分为浙贝母、川贝母、伊贝母、平贝母。浙贝母（*Fritillaria thunbergii*）以干燥鳞茎入药，具有清热解毒、润肺、止咳化痰等功效。主产区在浙江东阳和磐安一带，安徽、江苏、江西等省份也有栽培。主要病虫害有灰霉病、干腐病、黑斑病、地下害虫等。

浙贝母灰霉病

田间症状 为害浙贝母地上部分，叶、茎、花均能受害，以叶片受害最为显著。发病初期在叶片上出现淡褐色小点，边缘有明显的水渍状环。湿度较大时，病斑上生有灰色霉状物。花受害后干缩不能开放，受害部分能长出灰色霉状物。

浙贝母灰霉病田间症状

发生特点

病害类型	真菌性病害
病原	椭圆葡萄孢（*Botrytis elliptica*）
越冬场所	以菌丝体和菌核在病株及土壤中越冬
传播途径	通过带菌种球、风雨及田间农事活动传播
发病规律	一般在3月下旬至4月初开始发生，4月以后气温达到20℃左右，若遇上连续阴雨，可造成田间成片发生。连茬、密度大、湿度高利于发病

防治适期 发病初期（3月下旬）。

防治措施

1.农业防治 ①合理密植，注意田间通风透光。②合理施肥，避免造成旺长，可减少发病。③实行轮作，收获时清理病残体，减少病源。

2.药剂防治 发病时，选用腐霉利、异菌脲或啶酰菌胺等药剂喷雾，每隔15天左右喷1次，连喷1～2次。

浙贝母干腐病 ·······································

田间症状 被害鳞片褐色褶皱状，鳞茎基部或表面腐烂成黑褐色，发病后病斑扩展至鳞茎内部成空洞，常带有灰白色菌丝，最后被害鳞茎全部黑褐色干腐。

浙贝母干腐病症状

发生特点

病害类型	真菌性病害
病原	镰刀菌属真菌（*Fusarium* spp.）
越冬场所	在土壤中越冬
传播途径	随带菌土壤、带菌种茎进行远距离传播，以菌丝体、孢子进行近距离传播
发病规律	多发生于鳞茎生理活动低微或衰退期，连茬、湿度高等情况利于发病

防治适期 播种前及发病初期。

防治措施

1.农业防治 ①注重土壤排水，忌黏土及低洼积水。②实行轮作。③加强地下害虫管理，减少虫伤。

2. 药剂防治　①播种前可用福美双或多菌灵拌种。②田间发病时，选用喹啉铜喷雾，每隔15天左右喷1次，连喷1～2次。

浙贝母黑斑病

田间症状　主要为害叶片，导致叶片出现水渍状褐色病斑，常从叶尖处侵染，并逐渐向下蔓延，病斑有明显的边缘，边缘有晕圈，当空气湿度较大时，病斑处会产生黑色霉状物。

浙贝母黑斑病田间症状

发生特点

病害类型	真菌性病害
病原	交链格孢菌（*Alternaria alternate*）
越冬场所	以菌丝和分生孢子在病残体、土壤中越冬
传播途径	通过风雨、农事活动传播
发病规律	常在3月下旬发病，严重时可致地上部分枯死。一般4月前后雨水较多，病害发生较重。连作重茬、排水不良的黏重土壤发病重

防治适期 参照浙贝母灰霉病。

防治措施 参照浙贝母灰霉病。

第二十节　远　　志

　　远志别名蕀菀、葽绕、蕀蒬、细草，为远志科植物远志（*Polygala tenuifolia*）或卵叶远志（*Polygala sibirica*）的干燥根，具有安神益智、祛痰消肿的功效。主产于山西、河北、河南、陕西等省份。主要病害有根腐病、叶枯病、白粉病等。

远志根腐病

田间症状 发病初期，根和根颈部局部变褐色，呈不规则的褐色条纹状。植株地上茎基部变黑褐色，随病情发展根腐烂。地上部的症状为叶片变黄，叶柄基部有褐色菱形或椭圆形烂斑，随后叶柄基部腐烂，叶片枯死。

发生特点

病害类型	真菌性病害
病原	不详
越冬场所	不详
传播途径	通过水流、土壤进行传播
发病规律	多发生于多雨季节和易积水的低洼地块，有地下害虫为害根系出现伤口易发病

防治措施

1.健身栽培 ①轮作。与豆科、禾本科植物实行3～4年轮作。②雨后及时排水，避免田间积水，降低田间湿度。③做好田园清洁，及时中耕除草，及早摘除病叶、老叶，拔除病株，远距离深埋，病穴要用石灰水消毒。

2.化学防治 ①种子处理。用咯菌腈悬浮种衣剂和吡虫啉悬浮种衣剂进行包衣，亦可用微生物菌剂进行拌种。②根颈部喷药。发病时，用多菌灵、甲基硫菌灵、枯草芽孢杆菌、丙森锌等药剂对根颈部喷施，每7天喷1次，连喷3次。

远志叶枯病

田间症状 始发于下部叶片的叶缘或叶尖处，病叶开始出现圆形或不规则大型斑块，灰褐色，边缘深褐色；后期病斑上着生黑色小点并相互融合，使叶片大面积干枯。

远志叶枯病田间症状

发生特点

病害类型	真菌性病害
病原	木犀叶点霉（*Phyllosticta osmathicola*）
越冬场所	以菌丝或分生孢子器在病落叶上越冬
传播途径	通过气流和雨水传播
发病规律	雨水多或天气高湿会促进病害加重

防治措施 发病时，用代森锰锌或多菌灵喷施叶片，每7天喷1次，连喷2次。

远志白粉病

田间症状 主要为害叶片，也可为害果实。被害叶片两面呈白粉状斑，后期逐渐长出小黑点，严重时使叶片变黄、枯萎，引起脱落。

远志白粉病田间症状

防治措施

1.健身栽培　通风透光，增施磷钾肥，增强抗病能力。

2.药剂防治　发病前或初期可选用丙森锌、代森锰锌、三唑酮、甲基硫菌灵、异菌脲等药剂喷施叶面。

第二十一节 天 麻

天麻（*Gastrodia elata*），是兰科天麻属多年生草本植物，又名赤箭、神草、明天麻、白龙皮等，常以块茎或种子繁殖。其根茎入药具有息风止痉、平抑肝阳、祛风通络的功效。主要分布于吉林、辽宁、内蒙古、河北、山西、陕西、甘肃、江苏、安徽、浙江、江西、台湾、河南、湖北、湖南、四川、贵州、云南和西藏等省份，现多人工栽培。主要病虫害有块茎腐烂病、介壳虫、白蚁等。

天麻块茎腐烂病

田间症状　染病块茎，皮部萎黄、中心组织腐烂，掰开块茎，内部变成异臭稀浆状浓液，有的组织内部充满黄白色或棕红色的蜜环菌菌索。

发生特点

病害类型	真菌性病害
病原	尖孢镰刀菌（*Fusarium oxysporum*）、块茎锈腐病菌（*Cylindrocarpon destructans*）等多种腐生菌引起，其中以尖孢镰刀菌为主
越冬场所	以分生孢子在天麻栽培穴内基质中越冬
传播途径	不详

（续）

发病规律	高温、高湿有利于病害的发生与发展，多年连作地病害发生重

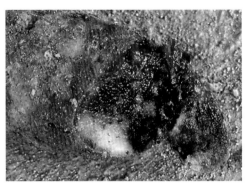

天麻块茎腐烂病块茎症状

防治措施

1.农业措施　①选地势较高，排水良好，土壤疏松的地块种植天麻。②选择完整、无破伤、色鲜的初生块茎作种源，采挖和运输时不要碰伤和日晒。③加强种植田间、窖场管理，做好防旱、防涝，保持栽植田间、窖场湿度稳定，营造抑制杂菌生长的环境。

2.菌床的选择　严格选用无杂菌感染的菌床，可选择干净、无杂菌的腐殖质土、树叶、锯屑等做培养料，填满、填实、不留空隙。

介壳虫

为害天麻的介壳虫主要是粉蚧（*Pseudococcus* sp.），属半翅目粉蚧科昆虫。

为害特点　以成虫、若虫群集刺吸为害天麻块茎，使天麻块茎为害处颜色变深，影响块茎生长，严重时块茎生长停滞。

形态特征

雌成虫：卵圆形，体柔软，被蜡粉，体节较明显，少数雌体完全无蜡粉而裸露。

雄成虫：虫体纤细，头、胸和腹分明，无复眼，膜质翅1对，有的缺膜质前翅和平衡棒，足细长。

发生特点

发生代数	1年发生1～3代，少数1年发生4～5代
越冬方式	以若虫或成虫群集于天麻块茎上越冬
发生规律	一般由菌材、新材等带入穴内，介壳虫繁殖能力强，夏季高温、高湿天气为虫害高发期，5月下旬至6月上旬粉蚧为害最重
生活习性	雌成虫大多数集中固着一处，分泌绒毛状卵囊，边分泌蜡丝边产卵

防治适期 产卵期。

防治措施

1.筛选健康菌材　由于粉蚧常寄生在菌材及树木上生活，筛选天麻菌材时，避免将带有粉蚧的菌材作为天麻培养基质。

2.及时阻隔蔓延　采收时若发现块茎或菌材上有粉蚧，则应将该穴的天麻及时翻挖，单独采收且不可用该穴的白麻、米麻作种，严重时可将菌棒放在原穴中焚烧，杜绝粉蚧蔓延。

白蚁

为害特点　为害天麻的白蚁种类主要是黑翅土白蚁（*Odontotermes formosanus*）、黄胸散白蚁（*Reticulitermes flaviceps*）、黄翅大白蚁（*Macrotermes barneyi*），其中以黑翅土白蚁为害最严重，为害速度快、程度深、范围广。白蚁不仅为害菌材，而且能为害蜜环菌、天麻原球茎及块茎。

形态特征

繁殖蚁：体长12.5～15.0毫米，翅长约23毫米，棕褐色，触角念珠状，由19节组成。翅呈暗褐色半透明状，中脉具5个以上分枝，脉8～12分枝。

兵蚁：体长5～6毫米，头部橙黄色，胸腹部淡黄色并带有花斑，头卵圆形，上颚黑褐色，端部向内弯曲，内侧中部各具1齿。

工蚁：与兵蚁大小相似，头近圆形，淡黄色，胸腹部有乳白色斑纹。

防治措施

1. 选择无白蚁地块 选择白蚁无外露迹象的地块，或至少应选择白蚁数量少、密度小的地块作栽培场地。

2. 菌材选择及处理 种植天麻时不宜使用带虫的木材培养菌材，可使用联苯菊酯、吡虫啉对菌材及堆放地进行处理。

3. 生物防治 可利用苏云金芽孢杆菌、金龟子绿僵菌、铜绿假单胞杆菌、黏质沙雷氏菌防治白蚁。

4. 化学防治 ①毒饵诱杀。在种植天麻过程中，发现白蚁经常活动的地方后，填放其喜食的杀白蚁饵剂进行诱杀。②毒土隔离。杀灭一定范围内的白蚁后，在种植区域边缘挖掘100厘米深、30厘米宽的深沟，将煤焦油与防腐油按1：1配成混合剂绕土混填以阻拦白蚁。

第二十二节 芍 药

芍药（*Paeonia lactiflora*）属毛茛科多年生草本植物，其干燥根可入药，具有养血调经、敛阴止汗、柔肝止痛、平抑肝阳的功效。全国各地均有栽培，主要分布在安徽、浙江、四川、山东等省份栽培。主要病虫害有早疫病、地下害虫等。

芍药早疫病

田间症状 主要为害芍药叶片，也可为害叶柄、茎等部位。叶片被害，最初产生深褐色或黑色的圆形至椭圆形小斑点，后逐渐扩大，病斑边缘深褐色，中央灰褐色，具明显的同心轮纹，有的边缘可见黄色晕圈，潮湿时病斑表面生有黑色霉层，严重时病斑相互连成不规则大型病斑，病株叶片枯死、脱落。

白芍早疫病叶部初期症状　　　　　　　　白芍早疫病田间症状

发生特点

病害类型	真菌性病害
病原	链格孢属真菌（*Alternaria* spp.） 链格孢菌落形态、菌丝、分生孢子
越冬场所	以菌丝体和分生孢子在病残体、土壤、种子上越冬
传播途径	通过风雨传播
发病规律	不详

防治措施

1.冬季清园　注意清理田园，及时处理病残体，可减少翌年的初始菌源。

2.药剂防治　常发地区要注意提前预防，可选用嘧菌酯或咪鲜胺进行施药预防。

第二十三节 大 黄

大黄为蓼科大黄属多年生草本植物，又名黄良、火参、将军等。大黄在我国主要有掌叶大黄（*Rheum palmatum*）、唐古特大黄（*R. tanguticum*）和药用大黄（*R. officinale*）3种。以根茎部分入药，味苦、性寒，有利尿、清热、行瘀解毒的功效。主要产于甘肃、青海、四川、云南、西藏等省份。主要病害有轮纹病、根腐病、斑枯病等。

大黄轮纹病

田间症状 该病从幼苗出土至收获前均能发生。发病时，叶片上病斑中部为红褐色，病斑边缘为墨绿色，近圆形，具同心轮纹，病斑上密生小黑点。发病重时常致叶片枯死。

发生特点

病害类型	真菌性病害
病原	大黄壳二孢（*Asochyta rhei*）
越冬场所	以菌丝体在病组织及子芽内越冬
传播途径	不详
发病规律	6月初始见病株，病情呈递增趋势，7～9月为发病盛期，潮湿多雨有利于病害发生

防治措施

1.农业防治 ①冬季清除枯枝残茎并集中销毁，减少越冬菌源。②实行2年以上轮作。③增施有机肥或过磷酸、草木灰等磷、钾肥，增强抗病性。

2.药剂防治　出苗2周后，喷施波尔多液或井冈霉素预防，发病时，可用多菌灵或代森锰锌等药剂。

大黄根腐病

田间症状　发病初期，根茎形成湿润的不规则形褐色斑点，后迅速扩大，侵入根茎内部，并向四周蔓延、腐烂，最后使全根变黑。地上茎叶先从叶柄基部开始发病，后逐渐向上蔓延，最后全株枯黄死亡。

大黄根腐病叶部症状

发生特点

病害类型	真菌性病害
病原	镰刀菌属真菌（*Fusarium* sp.）等
越冬场所	以分生孢子在病残体、土壤中越冬
传播途径	通过气流、雨水、灌溉水传播
发病规律	7～8月发病，高温高湿条件下发病重，连作重茬、田间积水利于发病

防治措施

1.农业防治　①实行3年以上轮作，宜与豆类、马铃薯、蔬菜等轮作。②及时挖沟排水，降低田间湿度。

2.药剂防治　①发病时喷施代森锰锌或多菌灵，每7～10天1次，连施3～4次。②发现病株，及早拔除，集中深埋处理，然后用5%石灰乳浇灌病穴。

大黄斑枯病

田间症状　叶片受害，初期产生褪绿小点，后扩大为多角形、近圆形病斑，有些病斑边缘褐色、红褐色，较宽，中部灰白色，其上生有很多黑色小颗粒。有些病斑中部淡褐色、淡黄褐色，上生粉红色、白色霉粉，粉层下有黑色小颗粒。病斑边缘很窄、隆起、褐色，略现油渍状。

发生特点

病害类型	真菌性病害
病原	壳针孢属真菌（*Septoria* sp.）
越冬场所	以分生孢子器及菌丝体随病残组织在土壤中越冬
传播途径	不详
发病规律	不详

防治措施

1.农业防治　收获后清除病残组织，集中深埋，沤肥时充分腐熟，以杀死组织中的病菌。

2.药剂防治　发病时，可用苯菌灵或苯醚甲环唑等药剂喷雾，间隔7 ～ 10天喷1次，共喷2 ～ 3次。

第二十四节　细　　辛

细辛（*Asarum heterotropoides*）为马兜铃科多年生草本植物，又名细参，入药部位为根茎，常用于治疗风冷头痛、鼻渊、齿痛、痰饮咳逆、风湿痹痛等。主要分布于山西、陕西、山东、浙江、河南、湖北、四川等省份。主要病害有叶枯病、锈病和菌核病等。

细辛叶枯病 ···

田间症状 主要为害细辛的叶片，也可侵染叶柄和花果。叶片病斑近圆形，浅褐色至棕褐色，具有6～8圈明显的同心轮纹，病斑边缘具有黄褐色或红褐色的晕圈。发病严重时病斑相互汇合、穿孔，造成整个叶片枯死。叶柄病斑梭形，黑褐色，凹陷，病斑边缘红色。严重发病的叶柄腐烂，造成叶片枯萎。花果病斑圆形，黑褐色，凹陷，严重发病可造成花果腐烂，不能结实。

细辛叶枯病田间症状

发生特点

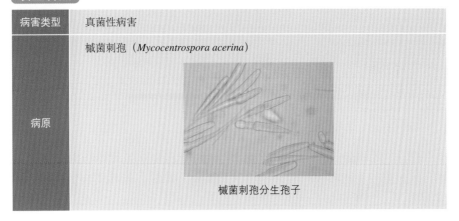

病害类型	真菌性病害
病原	槭菌刺孢（*Mycocentrospora acerina*） 槭菌刺孢分生孢子

（续）

越冬场所	以分生孢子和菌丝体在田间病残体和罹病芽孢上越冬
传播途径	通过气流和雨水传播
发病规律	低温、高湿、多雨的天气条件有利于病害的发生和流行。最适发病温度为15～20℃,25℃以上的高温天气抑制病菌的侵染和发病。一般5月上旬开始发病,6～7月为病害盛发期

【防治措施】

1.种苗消毒　细辛种苗栽植前采用腐霉利浸泡消毒,可以杀死种苗上携带的病菌。

2.田园卫生　秋季细辛自然枯萎后,应当及时清除床面上的病残体,集中田外深埋。春季细辛出土前,选用代森铵进行床面喷药消毒。

3.遮阴栽培　可利用林荫下栽培细辛或挂帘遮阴栽培,减轻发病。

4.药剂防治　可用腐霉利、异菌脲、乙霉灵等药剂,从发病初期开始,视天气和病情每隔7～10天喷1次。细辛长大封垄后,应尽可能使叶片正反面均着药。

细辛锈病

【田间症状】　主要为害叶片,也可为害花和果。冬孢子堆生于叶片面及叶柄上,呈圆形或椭圆形,呈丘状隆起,后期破裂呈粉状,黄褐色至栗褐色,可聚生连片,叶片正面比背面明显,可环绕叶柄使其肿胀。严重发病时可使整个叶片枯死。

细辛锈病叶部症状

发生特点

病害类型	真菌性病害
病原	细辛柄锈菌（*Puccinia asarium*） 细辛柄锈菌分生孢子
越冬场所	不详
传播途径	通过气流及雨水飞溅传播
发病规律	在东北始期为5月上旬，7～8月为发病高峰期，病株多集中于树下等遮阴处，高湿、多雨、多露发病严重

防治措施

1.农业防治　①及时摘除重病叶片，秋季彻底清除病残体，集中田外深埋处理。②加强栽培管理，促进植株发育健壮。③雨季及时排除田间积水。

2.药剂防治　发病时，采用粉锈宁、代森锰锌或敌锈钠等药剂喷雾防治，每隔7～10天1次，连喷2～3次。

细辛菌核病

病害症状　细辛菌核病是一种全株腐烂型病害，可为害植株的地上和地下部分。一般先从地下部开始发病，逐渐延及地上部。病斑褐色或粉红色，表面生颗粒状绒点，最后变为菌核。菌核椭圆形或不规则形，表面光滑，外部黑褐色，内部白色。生于根部的菌核较大，直径6～20毫米，生于叶片和花果上的菌核较小，直径0.4～1.6毫米。严重发病时，地下根系腐烂溃解，只存外表皮。病株叶片淡黄褐色，逐渐萎蔫枯死。

细辛菌核病田间症状

细辛菌核病病组织及菌核

发生特点

病害类型	真菌性病害
病原	细辛核盘菌（*Sclerotinia asari*）
越冬场所	以菌丝体、菌核在病残体和土壤中越冬
传播途径	不详
发病规律	5月上中旬病害始发，5月下旬为病害盛发期，6月中旬以后病害逐渐终止。该病为低温病害，2～4℃时开始发病，6～10℃病害蔓延最快，超过15℃侵染停止。低温高湿、排水不良、密植多草条件下发病严重

防治措施

1.种苗消毒 选用无病种苗，可用腐霉利浸泡种苗消毒。

2.健身栽培 ①早春于细辛出土前及时排水，降低土壤湿度。②及时锄草、松土以提高地温。③在松林下杂草少、有落叶覆盖和保水好的地块实行免耕栽培。

3.药剂防治 发病早期拔除重病株，移去病株根际土壤，用生石灰消毒，配合灌施腐霉利或多菌灵等药剂，铲除土壤中的病菌。

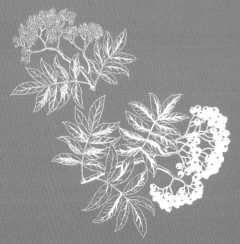

第二章

种子果实类

第一节 薏 苡

薏苡（*Coix lachryma-jobi*）为禾本科一年生草本植物，营养价值高，以种仁及根入药，具有利湿安神等功效。近年来，由于其药用及食用价值的不断开发利用，需求量大增，种植面积逐年扩大。福建、江苏、河北、安徽、山东、辽宁等省份均有种植。主要病虫害有黑穗病、叶枯病、玉米螟、黏虫等。

薏苡黑穗病

薏苡黑穗病又称黑粉病，是一种系统侵染性病害，被感染形成黑穗，易导致绝产。

田间症状 该病一般在苗期不易发现，随着植株的生长，在茎、叶部形成不规则红色瘤状体或造成茎、叶畸形。穗部被害后形成扁球形或褐色包状体，内部充满黑褐色粉状物，形成黑穗。

薏苡黑穗病穗部症状

发生特点

病害类型	真菌性病害
病原	薏苡黑粉菌（*Ustilago coicis*）
越冬场所	以厚垣孢子附着在种子表面或散落田间土壤中越冬，厚垣孢子能在土壤中存活2年以上，在贮存的种子表面能存活达4年以上

（续）

传播途径	以种子传播为主，土壤、粪肥传播为辅
发病规律	翌年春季当薏苡种子萌芽时，病菌的厚垣孢子也同时萌发，侵入薏苡的幼芽，并随着薏苡植株的生长而在组织内蔓延，遍及全株

防治适期 播种前以预防为主，田间发现病株要立即防治。

防治措施

1.种子处理 播种前要晒种，用阳光杀死种子表面的病菌，也可用硫酸铜100倍液浸种12小时，或用60～80℃热水浸种15～20分钟，可杀死种子表面的大部分病菌。

2.清洁田园 发现病株立即拔除，收获后，应将田间清理干净，尤其是患病茎秆更应清出田外，集中深埋，减少土壤中的越冬病源。

3.施用腐熟农家肥 施用农家肥一定要充分腐熟，以免粪肥带菌传播。

4.合理轮作 与不同作物实行3年以上的轮作。

薏苡叶枯病

田间症状 主要为害叶片和叶鞘，叶片上的病斑呈椭圆形、梭形或长条形，长达3～8厘米，淡褐色，边缘颜色较深，后期病斑上有黑色霉层。发生严重时病斑连成片，叶片枯死。通常下部叶片先发病，后向上蔓延。

发生特点

病害类型	真菌性病害
病原	薏苡内脐蠕孢（*Drechslera coicis*）
越冬场所	以菌丝体或分生孢子随病残组织在土壤、病叶及秸秆上越冬
传播途径	通过气流、雨水进行远距离传播，通过菌丝蔓延进行近距离传播
发病规律	6月进入始病期，7～8月为发病盛期，高温多湿有利于发病

防治适期 发病初期（6月）。

防治措施

1.健身栽培 ①科学施肥。重施基肥、穗肥，薄施分蘖肥，巧施保粒肥，控制使用氮肥，增施磷、钾肥，促使植株生长健壮，提高抗病能力。②合理密植。拔节停止后，摘除第1分枝以下的脚叶和无效分蘖，以利通风透光，降低田间湿度，同时减少田间侵染菌源。③在薏苡收获后及时清除和销毁田间的病残株，减少田间越冬的初侵染源。④可与非禾本科作物轮作，降低发病率。

2.药剂防治 发病时，可选用65%代森锌可湿性粉剂500倍液、30%丙环唑·苯醚甲环唑乳油3 000 ～ 3 800倍液、50%多菌灵可湿性粉剂500倍液或75%百菌清可湿性粉剂600倍液喷治，每隔7 ～ 10天喷1次，连喷2 ～ 3次。

玉米螟

玉米螟俗称钻心虫，属鳞翅目草螟科，有亚洲玉米螟（*Ostrinia furnacalis*）和欧洲玉米螟（*O. nubilalis*）两种，在我国大部分地区发生为害的是亚洲玉米螟，能对70多种农作物和药用植物造成为害。

为害特点 玉米螟以初龄幼虫钻入薏苡心叶为害，展叶后可见整齐成排小孔或破烂叶。三龄幼虫蛀入茎秆，常造成枯心、白穗、影响结实。

形态特征

成虫：雄蛾体长10 ～ 14毫米，翅展20 ～ 26毫米，体黄褐色，前翅浅黄色，斑纹暗褐色。雌蛾体长13 ～ 15毫米，翅展25 ～ 34毫米，比雄蛾稍肥大，体色较雄蛾淡，鲜黄色，横线明显或不明显，后翅正面浅黄色，横线不明显或无。

卵：一般产于叶背近叶脉处，数粒至数十粒组成卵块，呈鱼鳞状排列，最初为乳白色，逐渐变为黄白色，孵化前为黑褐色。

幼虫：老熟幼虫体长20 ～ 30毫米，圆筒形，头黑褐色，背部黄白色至淡红褐色，体表较为光滑，不带黑点。背线明显，两侧有较模糊的暗褐色亚背线。腹部第1 ～ 8节背面有两排毛瘤，后方两个较前排稍小。

蛹：纺锤形，长15 ～ 18毫米，红褐色或黄褐色，臀棘黑褐色，尖端有5 ～ 8根刺毛。

玉米螟成虫

A.雄蛾 B.雌蛾

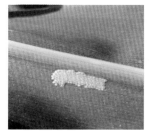
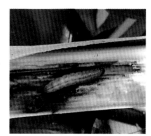

玉米螟卵块 玉米螟幼虫 玉米螟蛹

发生特点

发生代数	1年发生1～7代，发生代数随纬度的变化而变化
越冬方式	以滞育的老熟幼虫在薏苡、玉米茎秆等处越冬
发生规律	薏苡苗期、抽穗期均会受到玉米螟为害
生活习性	成虫昼伏夜出，有趋光性，飞翔和扩散能力强。雄蛾有多次交配习性，雌蛾一生大多只交配一次。幼虫有趋糖、趋触、趋湿和负趋光性，喜潜藏为害

防治适期 幼虫三龄前。

防治措施

玉米螟的防治可采用越冬期防治与发生期防治相结合，心叶期防治与穗期防治相结合，化学防治和生物防治结合的综合防控方式。

1.农业防治 ①收获后及时处理过冬寄主的秸秆和穗轴，秸秆粉碎还田，杀死秸秆内越冬幼虫。②加强心叶部位的检查，及时拔除枯叶苗。

2.物理防治　在成虫羽化期期，利用杀虫灯诱杀成虫，降低田间虫口数量。

3.生物防治　①在春季4～5月越冬幼虫化蛹前，用白僵菌粉对残存的薏苡秸秆进行封垛处理，用80亿孢子/克以上的菌粉配置细土100克/米²，均匀撒施于秸秆上。②释放赤眼蜂。在玉米螟产卵始期至产卵盛期释放赤眼蜂2～3次，释放1.5万～2万头/亩。③施用Bt乳剂。在玉米螟卵孵化期，田间喷施Bt乳剂。

4.化学防治　①在心叶内撒施化学颗粒剂，0.4％氟苯虫酰胺水分散粒剂350～450克/亩或5％辛硫磷颗粒剂200～240克/亩撒施。②80％氟苯·杀虫单可湿性粉剂按75～100克/亩或10％氟苯虫酰胺悬浮剂20～30毫升/亩喷雾。

黏虫 ···

黏虫（*Mythimna separata*）又称东方黏虫、行军虫、剃枝虫，属鳞翅目夜蛾科。除新疆发生情况不明外，我国各地均有分布，是一种间歇性发生的多食性、暴食性、迁飞性害虫。

为害特点　主要为害叶片。低龄幼虫聚集为害，咬食叶片呈孔洞状；三龄以后食量增大，开始咬食叶片边缘成缺刻状；五、六龄进入暴食期，可将幼苗全部吃光，或整株叶片吃光仅剩主脉，再成群转移至附近田块为害，造成严重减产，甚至绝收。

形态特征

成虫：体淡褐色或浅灰褐色，体长17～20毫米，翅展36～45毫米。雌雄触角均为丝状，前翅中央近前缘有2个近圆形黄白色斑，中室下方有1个小白点，两侧各有1个黑点，翅顶角有1条暗褐色斜线延伸至翅中央部分后消失。前缘基部有针刺状翅缰与前翅相连，雌蛾翅缰3根，均较细，雄蛾只有1根，较粗壮。这是区别雌雄的重要特征。

卵：馒头形，直径0.5毫米，有光泽，初乳白色，渐变成黄褐色，将孵化时黑灰色。卵块由数十粒至数百粒组成，多为2～4行排列成长条。

幼虫：共6龄。老熟幼虫长36～40毫米，体色黄褐色至墨绿色。头部红褐色，沿蜕裂线有褐色"八"字纹。体色多变，全身有数条纵行条纹，背中线灰白色，较细，两边为黑细线，亚背线红褐色或黑褐色。

蛹：红褐色，长19～23毫米，腹部第5～7节各有一横排小刻点。尾刺4根，中间两根粗直，侧面两根细且弯曲。

黏虫雄蛾

黏虫卵块

黏虫幼虫

黏虫蛹

发生特点

发生代数	我国各地发生代数不同，1年发生2～8代，发生代数随纬度和海拔高度降低而递增
越冬方式	在北纬33°以北地区不能越冬，长江以南以幼虫和蛹在稻桩、杂草、麦田表土下等处越冬
发生规律	黏虫每年有规律地进行南北往返迁飞。每年主要迁飞4次，春夏季多从低纬度向高纬度或从低海拔向高海拔地区迁飞，秋季从高纬度向低纬度或从高海拔向低海拔迁飞
生活习性	成虫有趋光性和趋化性。幼虫畏光，白天潜伏在心叶或土缝中，傍晚爬到植株上为害，幼虫常成群迁移到附近地块为害

防治适期　幼虫三龄前。

防治方法

1.农业防治　在卵期和低龄幼虫期，及时除草和中耕培土，破坏黏虫产卵场所和幼虫食源，压低虫源基数。

2.理化诱控　①利用成虫对糖醋液、杨树枝把、谷草把的趋性来诱杀成虫，集中灭杀，降低产卵数量。糖醋液配方：红糖375克、米醋500克、水250克、普通白酒125克、90%敌百虫原药3克。②山区丘陵地块可安装频振式杀虫灯诱杀成虫，每30～45亩安装一盏，以压低虫口密度。

3.生物防治　①在产卵初期，释放黏虫赤眼蜂、螟黄赤眼蜂等卵寄生蜂，对黏虫有很好的防控效果。②在黏虫卵孵化盛期和低龄阶段，利用苏云金杆菌、球孢白僵菌、灭幼脲、印楝素等生物农药喷雾防治。

4.化学防治　在清晨或傍晚幼虫在叶面上活动时，喷施速效性强的药剂，如高效氯氰菊酯、氯虫苯甲酰胺、溴氰菊酯等杀虫剂。

第二节　枸　　杞

枸杞（*Lycium barbarum*）为茄科枸杞属多年生落叶灌木或小乔木，以果（枸杞子）和根皮（地骨皮）入药，在中国已有2 000多年的栽培历史。枸杞药食同源的历史悠久，是驰名中外的名贵中药材。枸杞分布于我国西北、华中、华北、西南等地区，其中以宁夏枸杞分布最为广泛。主要病虫害有炭疽病、白粉病、灰斑病、根腐病、木虱、瘿螨、锈螨、蚜虫、红瘿蚊、负泥虫等。

枸杞炭疽病

枸杞炭疽病又名枸杞黑果病，是为害枸杞的主要病害之一，在国内各枸杞种植地区均有发生。

田间症状 主要为害青果、嫩枝、叶、蕾、花等。该病害发病初期，多从叶尖或叶缘开始，形成半圆形或近圆形黄青褐色至黑色轮纹状坏死斑，空气潮湿病斑表面可产生粉红色至橘红色黏稠小点，后期整个病叶变成黑褐色。花感病时，花瓣或花蕾出现小黑点或黑斑，造成花冠脱落，发病严重时子房干瘪，不能结果，花蕾变黑，不能开花。嫩枝染病，多出现小黑点或黑斑。果实染病后，初期多在果实表面出现小黑点或黑色网状纹，红果表面多形成黑色小点，随病害发展成黑色或轮纹状黑色病斑，并不断扩大，致病果部分或全部坏死变黑，最后干缩或湿腐。

枸杞炭疽病田间病状

发生特点

病害类型	真菌性病害
病原	胶胞炭疽菌（*Colletotrichum gloeosporioides*）
越冬场所	以菌丝体和分生孢子在病果及病枝叶上越冬
传播途径	通过风雨传播
发病规律	5月中旬至6月上旬开始发病，7月中旬至8月中旬暴发。此病发生主要与田间相对湿度、降雨次数及降水量密切相关，降雨多、湿度大，病害迅速蔓延

防治措施

1.清洁杞园 收获后及入冬前及时清除病果，带出园外集中深埋。在枸杞园行间进行秋翻，可减少菌源，减轻翌年发病。

2.控制田间湿度 发病期禁止大水漫灌，雨后及时排除枸杞园积水，浇水应在上午进行，以减少夜间果面结露。

3.药剂防治 ①保护预防。在病害常发期前，使用保护药剂进行喷施，适当添加广谱杀菌剂。喷洒75%百菌清可湿性粉剂600倍液或70%代森锰锌可湿性粉剂500倍液，每隔10天左右喷1次，连喷2～3次。②发病防治。发病时，可选用35%苯甲·咪鲜胺水乳剂1000倍液、70%甲基硫菌灵可湿性粉剂800倍液或50%腐霉利可湿性粉剂800倍液进行喷雾，每隔7～10天喷1次，连喷2～3次，可有效防治病害的发生。

枸杞白粉病 ···

枸杞白粉病是一种专性寄生真菌引起的病害，主要为害枸杞嫩梢和叶片，影响枸杞正常生长。

枸杞白粉病叶部症状

田间症状 枸杞白粉病在枸杞叶片上发生时，叶面覆满白色霉斑（初期）和粉斑（后期），叶片变薄，皱缩，边缘向上反卷，逐渐干枯。还可为害枸杞的叶梢和幼果，严重时枸杞植株外观呈一片白色。

发生特点

病害类型	真菌性病害
病原	穆氏节丝壳（*Arthrocladiella mougeotii*）
越冬场所	以菌丝在病芽内越冬或以闭囊壳在枯枝落叶中越冬
传播途径	通过风雨传播
发病规律	4～6月是发病高峰，9月后病情缓和。该病的流行和气候条件密切相关，高温干燥有利于分生孢子繁殖和病情扩展，高湿则有利于孢子萌发和侵入，尤其当高温干旱与高湿条件交替出现，又有大量白粉菌源及易感病寄主时，极易暴发成灾，导致病害流行

防治措施

1.清洁杞园 秋季落叶后及时清除病叶和病果，集中深埋，以减少菌源。

2.健身栽培 增施有机肥，控制氮肥用量，并结合夏季抹芽修剪，剪去徒长枝，均衡树体产量，避免树体郁闭。

3. 药剂防治　发病时，喷洒70%代森锰锌可湿性粉剂500倍液、75%百菌清可湿性粉剂600倍液或30%碱式硫酸铜悬浮剂400倍液，隔10天左右喷1次，连续防治2～3次，采收前7天停止用药。

枸杞灰斑病

枸杞灰斑病又称枸杞叶斑病，是枸杞种植区的主要病害。

田间症状　主要为害叶片，受害叶片表面产生圆形或椭圆形灰褐色病斑，叶背有淡褐色或淡黑色霉状物，中央灰白色至淡褐色，边缘色稍深，病部下陷，后期病斑变褐干枯。果实发病也出现淡黑色霉状物。

发生特点

病害类型	真菌性病害
病原	枸杞尾孢（*Cercospora lycii*）
越冬场所	病菌在枯枝落叶和病果上越冬或以病残体在土壤中越冬
传播途径	通过风雨传播
发病规律	高温多雨年份、土壤缺肥、植株过密、植株衰弱时易发病

防治措施

1. 清洁杞园　秋季落叶后及时清除病叶和病果，集中深理，以减少菌源。

2. 科学施肥　提倡施用有机肥，增施磷、钾肥，增强枸杞抗病能力。

3. 药剂防治　发病时，喷施65%代森锌500倍液或50%多菌灵500倍液，每隔7～10天喷1次，连喷2～3次。

枸杞根腐病

田间症状　主要为害枸杞根茎部和根部。发病初期病部呈褐色至黑褐色，中期逐渐呈现出腐烂状态，染病后期枸杞外皮脱落，仅留下木质部，维管束出现褐变。湿度较大时，枸杞的染病部位会出现白色、粉色的菌丝状物。地上叶片发黄，发病严重会导致枝条或者整株枸杞枯死。

枸杞根腐病根部症状

发生特点

病害类型	真菌性病害
病原	主要有尖孢镰刀菌（*Fusarium oxysporum*）和茄镰刀菌（*F. solani*）等，其中以尖孢镰刀菌致病性较强
越冬场所	以菌丝体和厚垣孢子在土壤中越冬
传播途径	通过雨水、灌溉水传播
发病规律	一般4～6月中下旬开始发生，7～8月扩展。地势低洼积水、土壤黏重、耕作粗放的枸杞园易发病。多雨年份、光照不足、种植过密、修剪不当以及长期施用单一化肥发病重

防治措施

1.健身栽培　选择优质健康植株，栽种在地势高燥的沙壤上。

2.病株处理　发现病株及时挖除，补栽健株，并在病穴施入石灰消毒，必要时可换入新土。

3.合理施肥　增施有机肥，提倡施用充分腐熟的有机肥，增施磷钾肥。

4.药剂防治　发病时，及时喷药防治，用80%多菌灵可湿性粉剂500倍液或65%代森锰锌可湿性粉剂400倍液，每隔7～10天灌根1次，连灌2～3次。

枸杞木虱 ···

枸杞木虱（*Bactericera gobica*）属半翅目木虱科，别名黄疸，广泛分布在宁夏、甘肃、新疆、陕西、河北、内蒙古等省份，可为害枸杞、龙葵等多种药用植物。

为害特点 枸杞木虱以成虫、若虫吸食叶片和嫩梢汁液为害，常造成树势衰弱、早期落叶，还可分泌蜜露，导致煤烟病。当年为害严重的枸杞，会造成翌年春天不易抽发新枝，严重影响枸杞正常生长。

形态特征

成虫：体色黄褐至黑褐色，具橙黄色斑纹，复眼大，赤褐色，前胸背板黄褐色至黑褐色，小盾片黄褐色，腹部背面褐色，近基部有一明显白色横带。

若虫：扁平，呈盔盖状贴于叶片表面，形似介壳虫。

卵：常在叶背或叶面，有丝状卵柄，并且密集在一起。

枸杞木虱成虫

枸杞木虱卵

发生特点

发生代数	在北方地区1年发生3～4代，枸杞木虱种群数量随季节而变化，越冬代各龄期一致，生长季节世代重叠严重
越冬方式	以成虫在土块、树干上、枯枝落叶层、树皮或墙缝处越冬

（续）

发生规律	翌春枸杞发芽时开始活动，把卵产在叶背或叶面，6～7月盛发
生活习性	卵孵化后，若虫就在原叶或附近枝叶刺吸汁液，成虫多在叶背栖息

防治适期 防治的关键是控制越冬成虫及第二代成虫。

防治措施

1.人工除虫　①清除越冬成虫。可在冬季清理树下的枯枝落叶及杂草，早春刮树皮，清洁田园，可有效降低越冬成虫数量。②防止上树产卵。早春给树体喷施仿生胶可有效阻止枸杞木虱早春上树产卵。③清除卵及若虫。5月上中旬及时摘除有卵叶，6月上中旬剪除枸杞木虱若虫聚集的枝梢并集中深埋。④捕捉成虫。6月下旬及9月上旬为成虫发生的两个高峰期，网捕成虫可明显减少第二代若虫为害及翌年越冬成虫的发生量。

2.生物防治　生长季节保护和利用天敌生物，同时人工释放枸杞木虱天敌，如枸杞木虱唷小蜂、食虫齿爪盲蝽。

3.化学防治　在成、若虫高发期药剂防治，可选用5%吡虫啉可湿性粉剂1 000～2 000倍液、4.5%高效氯氟氰菊酯乳油2 000～2 500倍液或2.5%联苯菊酯乳油3 000～4 000倍液喷雾。

枸杞瘿螨 ·····

枸杞瘿螨（*Aceria pallida*）又名白枸杞瘤瘿螨，属蛛形纲蜱螨目瘿螨科，分布于宁夏、内蒙古、甘肃、新疆、山西、陕西、青海等产区，是枸杞的成灾性害虫。

为害特点　叶部被害后形成紫黑色痣状虫瘿，受害严重的叶片扭曲变形，顶端嫩叶卷曲膨大成拳头状，变成褐色，提前脱落，造成秃顶枝条，停止生长。若嫩茎受害，

枸杞瘿螨为害状

在顶端叶芽处形成丘状虫瘿。

形态特征

成螨：体橙黄色，长圆锥形，全身略向下弯曲呈弓形，前端较粗，足2对，这是与其他科螨类不同之处，故又名四足螨。头胸宽短，向前突出。

发生特点

发生代数	1年发生多代，且世代重叠严重
越冬方式	枸杞木虱越冬成虫普遍携带枸杞瘿螨越冬，或以雌成螨在枸杞冬芽鳞片间、枝干凹陷处、枝条裂缝和枝条上的瘤瘿内越冬
发生规律	翌年4月，越冬成螨开始出蛰活动，每年5～6月和8～9月出现2次为害高峰，11月成螨开始越冬
生活习性	降雨会抑制枸杞瘿螨的活动，风促使枸杞瘿螨扩散；枸杞瘿螨对寄主有专一性

防治适期 枸杞发芽前，越冬成螨大量出现时是防治适期。

防治措施

1.清洁田园 越冬前，剪除枸杞带虫卵的枝条，清理周围枯枝落叶及杂草，集中于园外深埋消灭虫源。

2.抹芽修枝 生长季节及时抹芽，清除大量虫瘿的枝条，减少徒长枝。

3.药剂防治 在春季枸杞萌芽，枸杞瘿螨从枸杞木虱体内脱离前，喷施触杀型药剂防治枸杞木虱，进而控制枸杞瘿螨。在枸杞生长季节，枸杞瘿螨扩散迁移期间，可使用40%哒螨·乙螨唑悬浮剂5 000～6 000倍液进行喷雾。

枸杞锈螨

枸杞锈螨（*Aculops lycii*）又称枸杞锈壁虱，属瘿螨科刺皮瘿螨属，枸杞锈螨体形很小，肉眼无法直接观测，对枸杞的品质影响很大，是需要重点防治的害螨。

为害特点 常以成螨、幼螨群集分布在叶片背面和主脉的两侧吸取汁液，叶片受害后变硬、变厚，严重时整树变成铁锈色，叶片早落。

枸杞锈螨为害状

形态特征

　　成螨：体褐色至橙色，呈胡萝卜形。头胸部粗钝，腹部狭细，口器向前与体垂直。

　　幼螨：与成螨相似，但体形粗短而色淡。

发生特点

发生代数	1年发生多代
越冬方式	枸杞锈螨群集在枝条上越冬，以成螨在枝条皮缝、芽眼、叶痕等隐蔽处越冬，部分锈螨可于枸杞瘿螨在枝条上形成的虫瘿内越冬
发生规律	4月中下旬枸杞发芽后即爬到新芽上为害并产卵繁殖，6～7月是为害盛期，10月底开始越冬，干旱年份易猖獗流行
生活习性	不详

防治适期

4月中下旬春季出蛰初期、10月中下旬入蛰前。

防治措施

　　1.修剪病枝　生产中利用枸杞锈螨群聚在枝条上越冬的特点，在休眠期对病枝疏剪，可明显减少越冬螨基数。

　　2.科学施肥　增施有机肥，合理搭配磷、钾肥，增强树势，提高树体耐螨能力。

　　3.药剂防治　防治适期用哒螨灵或者乙螨唑喷洒叶面，每隔7天喷1次，视发生情况连喷3～4次。

蚜虫 ....

蚜虫又叫绿蜜、蜜虫，主要以棉蚜（*Aphis gossypii*）为主，属半翅目蚜科。枸杞蚜虫为害期长、繁殖快，广泛分布于我国枸杞产区，是枸杞生产中的成灾性害虫。

为害特点 大量成、若蚜群集于枸杞嫩梢、叶背及叶基部刺吸汁液，严重时布满枝梢，影响枸杞开花结果。

形态特征

有翅雌成蚜：体黄绿色，头部黑色，眼瘤不明显。触角黄色，全长较头、胸之和长。

无翅雌成蚜：体较有翅雌成蚜肥大，浅黄色，尾片也呈浅黄色，两侧各具 2 ～ 3 根刚毛。

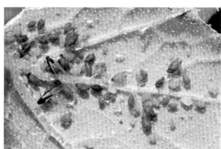

蚜虫群集为害枸杞

发生特点

发生代数	1年发生多代

（续）

越冬方式	以卵在枝条上越冬
发生规律	4月枸杞发芽后蚜虫开始为害，5月盛发，进入夏季后虫口数量开始下降，入秋后又开始上升，9月出现第2次高峰

防治措施

1.农业防治　早春和晚秋清理修剪下来的残、枯、病、虫枝条连同园地周围的枯草落叶，集中于园外深埋，以消灭虫源。

2.物理防治　在蚜虫暴发初期，可使用黄色粘虫板捕杀有翅蚜虫。

3.生物防治　保护和利用自然天敌，如小花蝽、草蛉、瓢虫、蚜茧蜂、食蚜蝇，发挥天敌自然控害作用。

4.化学防治　发生时，可使用25％吡虫啉可湿性粉剂2 000倍液或3％高氯·啶虫脒微乳剂3 000倍液防治枸杞蚜虫。蚜虫易产生抗药性，要注意交替和轮换用药。

枸杞红瘿蚊 ·····················

枸杞红瘿蚊（*Gephyraulus lycantha*）又名枸杞瘿蚊，俗称花蛆、红蛆，属双翅目瘿蚊科，是枸杞的重要害虫。自20世纪70年代首次在宁夏野生枸杞上发现以来，枸杞红瘿蚊发生区域和为害面积逐年增加，至今已蔓延至甘肃、内蒙古、新疆、青海等各大枸杞产区，成为我国枸杞生产中重发、频发的主要成灾害虫。

为害特点　成虫将产卵于枸杞幼嫩花蕾，卵孵化后幼虫取食子房，致花

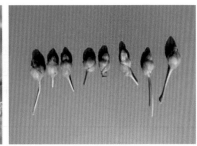

枸杞红瘿蚊为害状

蕾畸形膨大呈灯笼形虫瘿，虫瘿内有幼虫数十头至百余头，不能正常开花结实，最后干枯早落，被称为"枸杞癌症"。

形态特征

成虫：体长2.0～2.5毫米，黑红色，形似小蚊子，体表生有黑色微毛。触角16节，串珠状。前翅1对，且发达，翅脉4条，被细毛，后翅退化为平衡棒。各足第1跗节最短，第2跗节最长，爪钩1对。

卵：长椭圆形，一端钝圆，一端稍尖，无色，光滑，卵壳极薄，晶莹剔透。聚产于花蕾顶端，常10多粒集中在一起。

幼虫：初孵幼虫乳白色，体细长，体壁柔软。随着生长发育，幼虫体色逐渐变为橘黄色。老熟幼虫体色为橘红色，体肥多皱，纺锤形，体壁变硬。

发生特点

发生代数	在宁夏1年发生6代，田间世代重叠
越冬方式	以老熟幼虫在土壤里结茧化蛹越冬，或以成虫在枯叶、落果褶皱处越冬
发生规律	4月中旬至9月下旬为枸杞红瘿蚊为害期。从4月枸杞红瘿蚊越冬代成虫陆续羽化开始，其成虫数量不断增长，6月达到第1个高峰，7～8月，枸杞生长处于休眠期，枸杞红瘿蚊成虫数量减少，对枸杞为害较轻，随着枸杞秋枝萌发，9月枸杞红瘿蚊数量又明显增多，达到第2个高峰，对枸杞为害也随之加重。9月底至10月枸杞秋果陆续收获，枸杞红瘿蚊成虫数量急剧减少，对枸杞为害也逐渐消退
生活习性	成虫不取食，寿命短（2～3天），幼虫生活隐蔽

防治适期　在枸杞花蕾初期，是防治的关键时期。

防治措施

1.清洁杞园　①入冬前清除枸杞园落叶，深翻后灌冬水。②翌年春季土壤解冻后，在枸杞树盘内覆盖厚实的防虫布，透气、透水、不透光，不但可有效将枸杞红瘿蚊阻隔在地下，而且可起到保墒、除草的效果。③5月中下旬发现少量虫果时，可进行人工摘除，结合修剪有虫果的枝条，集中深埋。

2.保护和利用天敌　充分利用和保护天敌寄生蜂(齿腿长尾小蜂属)控制虫果内的红瘿蚊幼虫。

3.药剂防治 ①枸杞萌芽期，越冬代枸杞红瘿蚊出土时，地面喷施触杀型药剂，枸杞瘿螨扩散迁移期间，可使用40%哒螨·乙螨唑悬浮剂5 000～6 000倍液进行喷雾。②萌芽后发现花蕾被害，树冠补喷5%吡虫啉可湿性粉剂1 000～2 000倍液等内吸性杀虫剂防治初孵幼虫。

枸杞负泥虫 ······················

枸杞负泥虫（*Lema decempunctata*）别名十点负泥虫、背粪虫、稀屎蜜，属鞘翅目叶甲科。幼虫肛门开口向上，粪便排出后堆积在虫体背上，故称负泥虫，是我国西北干旱和半干旱地区为害枸杞的重要食叶性害虫。

为害特点 以成虫和幼虫取食叶片造成不规则缺刻或孔洞，严重时叶片全部被吃光，仅剩主脉。早春越冬代成虫大量聚集在嫩芽上为害，其幼虫移动性差，群集为害，多以虫源寄主为中心呈辐射状向四周扩散蔓延。

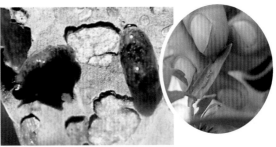

枸杞负泥虫为害状

形态特征

成虫：体长5～6毫米，头部呈黑色，复眼大，突出于两侧。前胸背板及小盾片蓝黑色，具明显金属光泽。鞘翅黄褐色，刻点粗密，每个鞘翅有5个近圆形黑斑，鞘翅斑点的大小和数目均有变异，有时全部消失。

幼虫：体呈灰绿或者灰黄色，一般会背负自己的排泄物于体背。头黑色，有强烈反光，前胸背板黑色，中间分离，胸足3对，腹部各节的腹面有吸盘1对，用以身体紧贴叶面。

枸杞负泥虫成虫

枸杞负泥虫幼虫

发生特点

发生代数	一年发生3～4代
越冬方式	以成虫在枸杞枯枝、枯叶下及土缝等隐蔽处越冬
发生规律	以6～8月为害最重，9月之后末代成虫羽化，10月底开始越冬
生活习性	成虫具有假死性；幼虫老熟后会下树，在树的根基处入土3～5厘米深结茧化蛹

防治措施

1.清洁杞园　冬季将枸杞树下的枯枝落叶和杂草清理干净，或者在早春进行清理，可降低越冬虫口基数。

2.药剂防治　幼虫时期可以使用1.2%烟碱·苦参碱乳油1 000倍液或1.8%阿维菌素乳油1 000倍液进行喷施。

第三节　五　味　子

　　五味子（*Schisandra chinensis*）为木兰科落叶木质藤本，以果实入药。因其"皮肉甘酸，核中辛苦，都有咸味"故有五味子之名。具有益气、滋肾、敛肺、涩精、生津、益智、安神等功效，药用价值高，分布于黑龙江、吉林、辽宁、内蒙古、河北、山西、宁夏、甘肃、山东等省份。主要病虫害有猝倒病、白粉病、茎基腐病、叶枯病、柳蝙蛾、女贞细卷蛾、蒙古灰象甲、康氏粉蚧等。

五味子猝倒病

田间症状　主要为害幼苗茎基部，初为水渍状浅褐色病斑，扩展后病斑环绕茎基部，呈线状缢缩。病部以上茎叶在短期内仍呈绿色，随后出现缺水凋萎，最后成片死亡，发病中心明显。湿度大时可在病部及土壤表层出

五味子猝倒病田间症状

现白色棉絮状菌丝体。

发生特点

病害类型	真菌性病害
病原	腐霉菌（*Pythium debaryanum*）
越冬场所	以卵孢子或菌丝体在土壤中及病残体上越冬
传播途径	主要通过雨水传播，也可随带菌有机肥和农具传播
发病规律	病菌在15～16℃时繁殖最快，适宜发病地温为10℃，故早春苗床温度低、湿度大时利于发病；光照不足，播种过密，幼苗长势弱发病较重；浇水后积水处、地势低洼处易发病且常为发病中心

防治措施

1.健身栽培　①应选择地势较高，平整，排水良好的田块进行育苗。②苗床注意及时排水，降低土壤湿度。③合理密植，注意通风透光，降低冠层湿度。

2.药剂处理　发现病苗立即拔除，病穴可用生石灰进行消毒，或浇灌代森锰锌、甲霜灵·锰锌、霜霉威、甲霜·噁霉灵等。

五味子白粉病

田间症状　主要为害五味子的叶片、果实和新梢，其中以幼叶、幼果受

五味子白粉病田间症状

害最重。常造成叶片干枯，新梢枯死，果实脱落。叶片受害初期，叶背面出现针刺状斑点，逐渐覆有白粉，严重时扩展到整个叶片，病叶由绿变黄，向上卷缩，枯萎而脱落。幼果发病先从靠近穗轴开始，严重时逐渐向外扩展到整个果穗，病果出现萎蔫、脱落。发病后期在叶片及新梢上产生大量小黑点。

发生特点

病害类型	真菌性病害
病原	五味子叉丝壳菌（*Microsphaera schizandrae*） 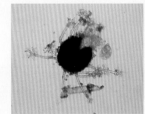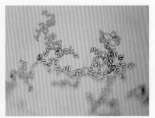 五味子叉丝壳菌闭囊壳及分生孢子
越冬场所	以菌丝体、子囊孢子和分生孢子在田间病残体上越冬
传播途径	分生孢子随气流传播不断引起田间再侵染，带菌种苗、果实运输为远距离传播的主要途径
发病规律	在东北地区，发病始期在5月下旬至6月初，6月下旬达到发病盛期。从植株发病情况看，枝蔓过密与徒长、氮肥过多和通风不良的环境条件有利于此病的发生

防治措施

1. **健身栽培**　①注意枝蔓的合理分布，通过修剪改善架面通风透光条件。②适当增加磷、钾肥的比例，以提高植株的抗病力，增强树势。③萌芽前清理病枝病叶，发病初期及时剪除病穗，拣净落地病果，集中深埋，减少病菌的侵染源。

2. **药剂防治**　在5月下旬喷洒波尔多液进行预防，若没有病情发生，可7～10天喷1次。发病时，可选用嘧菌酯、粉锈宁或甲基硫菌灵等药剂，每7～10天喷1次，连喷2～3次。

五味子茎基腐病

田间症状 从茎基部开始发病。发病初期叶片萎蔫下垂，似缺水状，不能恢复，叶片逐渐干枯，最后地上部全部枯死。发病初期剥开茎基部皮层，可发现皮层有少许黄褐色，后期病部皮层腐烂，变深褐色，极易脱落。病部纵切，可见维管束变为黑褐色。条件适合时，病斑向上、向下扩展，可导致地下根皮腐烂、脱落。湿度大时，可在病部见到粉红色或白色霉层。

五味子茎基腐病田间症状

发生特点

病害类型	真菌性病害
病原	该病由4种镰刀菌属真菌引起，分别为木贼镰刀菌（*Fusarium equiseti*）、茄腐镰刀菌（*F. solani*）、尖孢镰刀菌（*F. oxysporum*）和半裸镰刀菌（*F. semitectum*）
越冬场所	病菌在病株或随病残体在土壤中越冬
传播途径	通过土壤传播
发病规律	在各年生五味子上均有发生，但以1～3年生发生较重。一般在5月上旬至8月下旬均有发生，5月初病害始发，6月初为发病盛期。高温、高湿、多雨的年份发病重，并且雨后天气转晴时，病情呈上升趋势

防治措施

　　1.健身栽培　①注意田园清洁，及时拔除病株，集中深埋，用多菌灵灌淋病穴。②适当施氮肥，增施磷、钾肥，提高植株抗病力。③雨后及时排水，避免田间积水。④避免在前茬镰刀菌病害严重的地块上种植。

　　2.种苗消毒　选择健康无病的种苗，可选用多菌灵或代森锰锌浸种。

　　3.药剂防治　发病时，用多菌灵喷施，每7～10天喷1次，连喷3～4次。

五味子叶枯病

田间症状　发病植株从基部叶片开始发病，逐渐向上蔓延。病斑多数从叶尖或叶缘发生，然后扩向两侧叶缘，再向中央扩展，逐渐形成褐色的大斑块。随着病情的进一步加重，病部颜色由褐色变成黄褐色，病健交界明显，后期整个叶片干枯，蔓延到整株，病叶因干枯破裂而脱落，果实萎蔫皱缩。可造成早期落叶、落果，新梢枯死，树势衰弱，果实品质下降，产量降低。

五味子叶枯病田间症状

发生特点

病害类型	真菌性病害

病原	细极链格孢（*Alternaria tenuissima*） 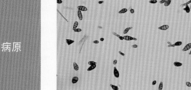 细极链格孢分生孢子及菌落形态
越冬场所	不详
传播途径	不详
发病规律	一般从5月下旬开始发生，6月下旬至7月下旬为该病的发病高峰期。高温高湿是五味子叶枯病发生的主导因素，结果过多的植株和夏秋多雨的地区或年份发病较重，该病无明显的发病中心，同一园区内地势低洼积水以及喷灌处发病重。偏施氮肥、架面郁闭的果园发病亦较重

防治措施

1.健身栽培　①注意枝蔓的合理分布，避免架面郁闭，增强通风透光。②适当增加磷、钾肥的比例，以提高植株的抗病力。

2.药剂防治　①发病前喷洒波尔多液进行预防。②发病时可用代森锰锌、多抗霉素、嘧菌酯等药剂喷雾防治。

柳蝙蛾

柳蝙蛾（*Phassus excrescens*）属鳞翅目蝙蛹娥科蝙蛾属，在黑龙江、吉林、辽宁等五味子种植区均有分布。

为害特点　幼虫可直接蛀入枝干中，居于茎内蛀食。幼虫粪便和食物碎末排列蛀孔外，形成虫粪包。

形态特征

成虫：体长30～50毫米，翅展50～90毫米，体色变化较大，多为茶褐色，刚羽化绿褐色，渐变粉褐色，后变为茶褐色。

卵：球形，直径0.6～0.7毫米，黑色。

幼虫：体长50～80毫米，头部褐色，体乳白色，圆筒形，布有黄褐色瘤状突。

蛹：圆筒形，黄褐色。

柳蝙蛾幼虫

发生特点

发生代数	在北方地区大多1年发生1代，少数2年发生1代
越冬方式	以卵在地面越冬或以幼虫在树干基部和胸径处的髓部越冬
发生规律	翌年5月中旬越冬卵开始孵化，6月上旬幼虫转向果树、林木或杂草等茎中蛀食为害，8月上旬开始化蛹，9月下旬化蛹结束，8月下旬为羽化初期，9月中旬为羽化盛期，10月中旬为羽化末期。成虫羽化后即开始交尾产卵，产卵历期10天左右，雌成虫寿命为8～13天，雄成虫为7～13天
生活习性	一至三龄蛀食量小，三龄后蛀食量增大，刚孵化的幼虫在地面腐殖质或杂草中生活；成虫具负趋光性

防治适期

6月上旬是初孵幼虫在地表活动和转移上树前期，也是地面防治和树干基部喷药防治的关键期。

防治措施

1.修剪枝条　柳蝙蛾常以幼虫蛀入枝干，及时剪伐受害严重的林木或枝条，消灭其中幼虫。

2.加强检查　苗木出圃前严格履行检查，及时剔除带虫苗木，以控制幼虫随苗传播。

3.保护和利用天敌　在幼虫和蛹期均有不同种类的天敌，注意保护和利用赤胸步甲、蚕饰腹寄蝇、螳螂、啄木鸟等天敌，控制柳蝙蛾的种群数量。

4.化学防治　①封孔毒杀幼虫。粗大枝干不宜剪伐时，可用溴氰菊酯、氯氟氰菊酯或甲氰菊酯，在三龄幼虫转入树干初期（6月中旬至7月中旬）点孔、塞入蛀孔或堵孔，然后用湿泥封孔毒杀幼虫。②地面撒施。选用敌百虫等药剂均匀地喷洒地面，每隔10天左右施药1次，连用2～3次。

女贞细卷蛾

女贞细卷蛾（*Eupoecilia ambiguella*）属鳞翅目卷叶蛾科，是为害五味子的重要害虫之一，主要分布于安徽、福建、甘肃、贵州、河北、黑龙江、河南、湖北、湖南、江西、陕西、山西、四川、天津、新疆、云南等省份。

为害特点 以幼虫为害五味子果实、果穗梗、种子。幼虫蛀入果实，在果面上形成1～2毫米的疤痕，在果实内取食果肉，虫粪排在果外，受害果实变褐腐烂，最后变为黑色干枯僵果留在果穗上。幼虫啃食果穗梗，形成长短不规则的凹痕。

形态特征

成虫：头部有淡黄色丛毛，触角褐色，触角第二节膨大，有长鳞毛，第三节短小。雄蛾体长6～7毫米，翅展10～12毫米；雌蛾体长8～9毫米，翅展12～14毫米。前翅前缘平展，外缘下斜，前翅银黄色，中央有黑褐色宽中带一条，后翅灰褐色。前、中足胫及跗节褐色，有白斑，后足黄色，跗节上有淡褐色斑。

卵：近椭圆形，扁平，中间凸起，长径0.6～0.8毫米。初产时淡黄色，半透明，近孵化期显现出黑色头壳。

女贞细卷蛾成虫

幼虫：初龄幼虫淡黄色，老熟幼虫浅黄色至桃红色，少见灰黄色。头较小，黄褐色至褐色，前胸背板黑色，臀板浅黄褐色，臀栉发达，5～7个。

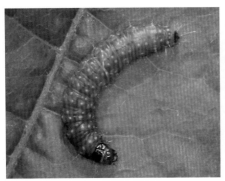 

女贞细卷蛾幼虫

发生特点

发生代数	在吉林地区1年发生2代，完成一代约需50天，且世代重叠
越冬方式	以蛹卷叶越冬
发生规律	越冬代成虫于5月中下旬气温在15～17℃时出现，5月下旬至6月上旬气温在22～25℃时为羽化盛期，6月下旬为羽化末期。成虫5月中下旬开始产卵，产卵盛期为5月下旬至6月上旬，6月初为卵孵化盛期。第一代幼虫5月下旬开始蛀果，6月上中旬是为害盛期，7月中旬是为害末期。6月中旬幼虫逐渐老熟化蛹，6月下旬开始羽化，见第二代卵，7月上中旬为羽化盛期，一直持续到8月下旬停止羽化。产卵盛期在7月上中旬，8月上中旬为产卵末期。第二代幼虫7月上旬开始蛀果，7月下旬至8月上旬是为害盛期
生活习性	成虫多夜间羽化，白天静止在草丛中，夜晚活动，无群居性，对糖醋液、五味子果汁均无趋化性，但有较强的趋光性和飞翔能力

防治适期 当田间蛀果率达到0.5%～1%时开始药剂防治。

防治措施

1.清理田间　及时摘除虫果并深埋。五味子落叶后，彻底清理田间落叶、落果等，集中深埋，消灭虫蛹，减少虫源。

2.诱杀成虫　在田间设置杀虫灯诱杀成虫。

3.药剂防治　防治适期用溴氰菊酯或氰戊菊酯喷施，每隔15～20天喷1次，整个生育期施用2～4次。

温 馨 提 示

　　注意对天敌的保护，适当减少喷药次数和药剂浓度有利于寄生蜂的繁殖，对防治女贞细卷蛾可起到事半功倍的效果。

蒙古灰象甲

　　蒙古灰象甲（*Xylinophorus mongolicus*）属鞘翅目象甲科，是五味子叶片萌芽期的主要害虫，主要分布在东北、华北、华东、西北等种植区。

为害特点　成虫为害叶片，可造成孔洞、缺刻，还可咬断嫩芽和嫩茎，也可为害生长点及子叶，使苗不能发育，严重时成片死苗。

形态特征

　　成虫：体灰黑色，密被黄褐色短毛，鞘翅上生10纵列刻点，行间散生黄褐色短毛和小白斑，后翅退化。

　　卵：长椭圆形或长筒形，两端钝圆，长0.9～1.0毫米，初产卵为黄白色，经2～6天变为黑色，有光泽。

　　幼虫：成熟幼虫为乳白色，长6毫米左右，体形似蛴螬，但胸足较短。

　　蛹：长5～6毫米，椭圆形。

发生特点

发生代数	在东北、华北地区2年发生1代，黄海地区1～1.5年发生1代
越冬方式	以成虫或幼虫在树下土层中越冬
发生规律	春季均温近10℃时，开始出土，5月下旬幼虫开始孵化，幼虫生活于土中，为害植物地下部组织，7月上旬开始羽化，至9月末筑土室越冬，翌春继续活动为害
生活习性	成虫后翅退化，不能飞翔，依靠爬行迁移，具假死性，早晨及傍晚为害，白天大部分时间隐藏于土壤裂缝中；卵产于表土中

防治适期　在春季五味子叶片萌发时是防治关键时期。

防治措施

　　1.诱杀成虫　在受害重的田块四周挖封锁沟，沟宽、深各40厘米，内放腐败的杂草诱集成虫，并集中杀死。

　　2.药剂防治　可使用高效氯氟氰菊酯或噻虫嗪进行防治，每隔3天喷1次，连喷2～3次。

康氏粉蚧 ···

康氏粉蚧（*Pseudococcus comstocki*）属粉蚧科粉蚧属，分布于黑龙江、吉林、辽宁、内蒙古、宁夏、甘肃、青海、新疆、山西、河北、山东等省份。

康氏粉蚧为害状

为害特点 若虫和雌成虫刺吸芽、叶、果实、枝条及根部的汁液，嫩枝和根部受害常肿胀且易纵裂而枯死。幼果受害多成畸形果。康氏粉蚧可排泄蜜露，常引起煤污病，影响植物光合作用。

形态特征

成虫：雌成虫椭圆形，较扁平，粉红色，体被白色蜡粉，分布在虫体背腹两面，沿背中线及其附近的体毛稍长。雄成虫体紫褐色。

卵：椭圆形，浅橙黄色，卵囊白色絮状。

若虫：椭圆形，扁平，淡黄色。

康氏粉蚧雌成虫

发生特点

发生代数	1年发生3代
越冬方式	以卵囊在树干、枝条、粗皮裂缝、剪锯口、土块、石缝中越冬
发生规律	春季果树发芽时，越冬卵孵化成若虫，食害寄主植物的幼嫩部分。第一代若虫发生盛期在5月中下旬，第二代若虫在7月中下旬，第三代若虫发生在8月下旬，9月产生越冬卵
生活习性	雌、雄成虫交尾后，雌虫爬到枝干、粗皮裂缝或袋内果实的萼洼、梗洼处产卵

防治适期 在若虫分散转移、分泌蜡粉形成介壳之前。

防治措施

1.**保护和利用天敌** 康氏粉蚧的天敌有瓢虫和草蛉等。

2.**诱杀虫卵** 从9月开始，在树干上束草把诱集成虫产卵，入冬后至发芽前取下草把深埋消灭虫卵。

3.**药剂防治** 防治适期喷洒氯氰菊酯或马拉硫磷，也可与柴油乳剂混用进行药剂防治。

第四节 栝 楼

栝楼（*Trichosanthes kirilowii*）属葫芦科多年生藤本植物，种子（瓜蒌子）、果实（瓜蒌）、果皮（瓜蒌皮）均可入药。在安徽、江苏、湖南、浙江、山东、河南、山东、河北、四川、江西等省份有大面积种植。主要病虫害有炭疽病、蔓枯病、细菌性角斑病、病毒病、根结线虫病、红蜘蛛、瓜绢螟、黄足黄守瓜、菱斑食植瓢虫、瓜实蝇、瓜藤天牛等。

栝楼炭疽病

田间症状 主要是在栝楼叶片上形成褐色病斑，周围有黄色晕斑，严重时病斑相互连成不规则形大病斑，干燥时病斑中部易破碎穿孔。果实被害，先产生水渍状浅绿色病斑，后变为黑褐色凹陷的近圆形病斑，上生许多黑色小粒点。幼瓜受害后收缩腐烂，成熟瓜受害后凹陷并开裂。

栝楼炭疽病叶部症状　　　　　　栝楼炭疽病果实症状

发生特点

病害类型	真菌性病害
病原	无性阶段为半知菌亚门炭疽菌属真菌（*Colletotrichum orbiculare*），有性阶段为子囊菌亚门小丛壳属真菌（*Glomerella lagenaria*）
越冬场所	主要以菌丝体附着在种子上或随病残体在土壤中越冬
传播途径	通过风雨和昆虫传播
发病规律	连作地块、土壤黏重偏酸、排水不良、偏施氮肥，均可诱发此病

防治措施

1. 健身栽培　加强田间管理，及时清除病蔓、病叶，施用充分腐熟的有机肥，防止积水，雨后及时排水。

2. 药剂防治　①播种前，使用多菌灵浸种，对种子进行严格消毒。②发病前，可选用嘧菌酯或百菌清进行预防。③发病时，可选用苯醚·咪鲜胺、嘧菌酯、咪鲜胺进行防治，每隔7天喷1次，连喷2～3次。

栝楼蔓枯病

田间症状 发病初期在栝楼叶片上形成水渍状浅褐色病斑，从叶片边缘形成缺口。病菌侵染茎部，可在茎上形成水渍状缢缩病斑。果实发病形成水渍状褐色病斑，潮湿时可以形成白色菌丝层。严重时果面布满病斑，整个果实几乎变成黑色。

栝楼蔓枯病叶部症状

栝楼蔓枯病果实症状

发生特点

病害类型	真菌性病害
病原	西瓜壳二孢（*Ascochyta citrullina*）
越冬场所	以菌丝体、分生孢子器和分生孢子随病残体在地表、土壤及未充分腐熟的粪肥中越冬
传播途径	通过雨水或灌溉水传播
发病规律	气温24～28℃最适于发病，30℃以上的高温对病菌有一定的抑制作用，地下害虫多的田块发病也较重

防治措施

1.农业防治　施用充分腐熟的有机肥，收获后及时彻底清除病残体。

2.药剂防治　发病前期或初期，选用嘧菌酯、苯甲·嘧菌酯或咪鲜胺进行喷雾，每隔 7 ～ 10 天喷 1 次，连喷 2 ～ 3 次。

栝楼细菌性角斑病 ······················

田间症状 主要在梅雨季节及台风雨水较大的时期发病。叶片受害初期为水渍状浅绿色病斑，后变为淡褐色，因受叶脉限制形成不规则形角斑，阳光下能见病叶有黄色透明斑点，手触背面黏黏的，随着症状加重，出现部分叶片枯死、发白，随之整片全部枯死。

栝楼细菌性角斑病叶部症状

发生特点

病害类型	细菌性病害
病原	丁香假单胞菌（*Pseudomonas syringae*）
越冬场所	病菌在种子上或随病残体在土壤中越冬
传播途径	通过风雨、昆虫和农事操作进行传播

防治措施 发病时，选用噻唑锌、噻菌铜、喹啉铜等进行防控。

栝楼病毒病 ······························

田间症状 该病典型症状是病叶、病果出现不规则褪绿或绿色斑驳，植株生长无明显异常，严重时病叶和病果畸形皱缩，叶明脉，植株生长缓慢或矮化。

栝楼病毒病造成叶部皱缩

发生特点

病害类型	病毒性病害
病原	花叶型由黄瓜花叶病毒（*Cucumber mosaic virus*，CMV）和甜瓜花叶病毒（*Muskmelon mosaic virus*，MMV）侵染所致；绿斑驳型由黄瓜绿斑驳花叶病毒（*Cucumber green mottlemosaic virus*，CGMV）侵染所致等
传播途径	通过种子、汁液摩擦或传毒昆虫传播

防治措施

1.防治传毒昆虫 病毒病一般由蚜虫、蓟马、螨虫等昆虫进行传毒，因此要结合杀虫进行防控。

2.药剂防治 选用寡糖·链蛋白、芸苔素内酯等药剂在早期进行预防，增强植株的抗性。

栝楼根结线虫病

田间症状 主要为害根部，初期可在根部形成大小不一的根瘤，后期整个根部腐烂坏死。

栝楼根结线虫病田间症状

发生特点

病害类型	线虫性病害

（续）

病原	南方根结线虫（*Meloidogyne incognita*）
越冬场所	以卵或幼虫在寄主病根或土壤中越冬
传播途径	通过种根传播
发病规律	多以二龄幼虫或卵随病残体遗留在距地表5～30厘米深的土层中生存1～3年，条件适宜时，越冬卵孵化为幼虫，继续发育后侵入栝楼根部，刺激根部细胞增生，产生新的根结或肿瘤。4月开始孵化侵染，6～8月为繁殖盛期

防治适期 4月初及6～8月。

防治措施

1.农业防治　①实行轮作，特别是水旱轮作效果最好，或者将栝楼与韭菜、葱、蒜等作物进行套种。②根结线虫适宜生存在湿润的土壤中，早春深翻土地、暴晒土壤，对根结线虫二龄幼虫的防治率可达80%以上。③选择无病的大田作育苗床，选择抗病性强、产量高、品质好的健壮无病种苗进行栽培。④适时早栽，合理密植。一般在4月中旬移栽，采用地膜覆盖栽培可减少病害的发生。⑤及时清洁田园，在收获后将病蔓、病叶和病果深埋。⑥选择地势高燥、排水方便的沙壤土栽培，有条件的地方，可进行土壤检测。

2.药剂防治　4月初开始防治，6～8月再处理2～3次。可选用噻唑膦、阿维菌素或氟吡菌酰胺进行灌根，在6～8月线虫繁殖盛期进行2～3次灌根处理。

红蜘蛛

红蜘蛛又称叶螨，为害栝楼的红蜘蛛多为朱砂叶螨（*Tetramychus cinnabarinus*），属蛛形纲真螨目叶螨科。

为害特点 红蜘蛛常聚集在叶背面，以口针刺入叶片吸取汁液，被害叶片背面有丝网和土粒黏结，叶片卷曲发黄，严重时植株发生落叶、死亡。红蜘蛛还可传播病毒病。

红蜘蛛为害状

形态特征

　　雌成螨：体长 0.42～0.5 毫米，宽 0.3 毫米，椭圆形。体背两侧有块状或条形深褐色斑纹。

　　雄成螨：体长 0.4 毫米，菱形，红色或锈红色。

　　幼螨：初孵幼螨体呈近圆形，淡红色，长 0.1～0.2 毫米，足 3 对。

　　若螨：幼螨蜕皮后变为若螨，足 4 对，前期体色淡，后期雌性个体体色加重。

发生特点　幼苗期即可为害，5～6 月是叶螨的扩散期，大量繁殖，为害猖獗，干旱年份更易暴发，为害时期延长。梅雨季节到来后，伴随气温急剧升高、雨水偏多、湿度增高，种群数量会快速下降，之后维持在较低的密度水平，通常不再造成为害。

防治适期　叶螨体积小，不易被发现，在苗期要注意检查嫩梢及叶背面，可用放大镜进行观察，以便早发现、早防治。

防治措施　用阿维菌素、炔螨特、丁氟螨酯、螺螨酯或哒螨灵等喷雾，注意交替混合用药。

瓜绢螟 ·····

　　瓜绢螟（*Diaphania indica*）又称瓜螟、瓜野螟，属鳞翅目螟蛾科。主要寄主是葫芦科植物，还可为害茄子、番茄、马铃薯、酸浆、龙葵、常春藤、木槿、梧桐等。

瓜绢螟

为害特点 主要以幼虫为害栝楼的叶片，能吐丝把叶片连缀卷起，幼虫在卷叶内取食，严重时仅存叶脉，还可蛀入果实及茎部为害。幼虫还可啃食瓜皮，形成疮痂，也能蛀入瓜内取食。

瓜绢螟幼虫为害状

形态特征

成虫：体长10～12毫米，翅展23～26毫米，翅白色半透明，闪金属紫光。前翅沿前缘及外缘各有一淡黑褐色带，翅面其余部分为白色，缘毛黑褐色。

瓜绢螟成虫　　　　　　　　　　　瓜绢螟卵

卵：扁平，椭圆形，淡黄色，表面有网状纹。

幼虫：老熟幼虫体长约26毫米。头部、前胸背板淡褐色，胴部草绿色。亚背线为2条宽白纵带。

发生特点

发生代数	在江西1年发生4～5代，广州1年发生5～6代
越冬方式	以老熟幼虫或蛹在枯叶上或表土中越冬
发生规律	第一代成虫于4月中下旬至5月中旬出现，幼虫于4月下旬始见，第一、二代幼虫很少，对瓜类作物基本上不构成为害，7月中旬发生第三代幼虫，密度较大，7月中下旬至10月中旬为幼虫盛发期，此时世代重叠，为害高峰期在8～10月。喜高温环境，相对湿度低于70%不利于幼虫活动
生活习性	成虫昼伏夜出

防治适期　卵孵化高峰期至低龄幼虫（一至三龄）期。

防治措施

1.诱杀成虫　使用频振式杀虫灯或黑光灯诱杀成虫。

2.药剂防治　防治适期可选用短稳杆菌、斜纹夜蛾核型多角体病毒、甜菜夜蛾核型多角体病毒、氯虫苯甲酰胺、高效氯氟氰菊酯、虫螨腈、虫酰肼、茚虫威等药剂喷防。雌虫交配后即可产卵，卵产于叶背或嫩尖上，散生或数粒在一起，卵期5～8天，产卵盛期选用可兼杀卵的杀虫剂，如氟铃脲、杀虫双、除虫脲、甲维·虱螨脲等，喷于叶片背面。

黄足黄守瓜 ···

　　黄足黄守瓜（*Aulacophora femoralis chinensis*）俗称黄守瓜、瓜叶虫，属鞘翅目叶甲科。全国各地几乎都有发生，主要为害瓜类。

为害特点　成虫、幼虫均可为害栝楼。幼虫取食栝楼根或茎基部，可引

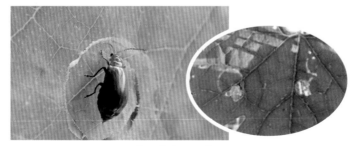

黄足黄守瓜为害状

起死苗或瓜藤枯萎，类似于枯萎病、青枯病或根腐病，成虫咬食叶片形成圆形或半圆形缺刻，严重时叶片被吃光。

形态特征

成虫：体长6～8毫米，体橙黄或橙红，有光泽，仅复眼、上唇、后胸腹面和腹节为黑色。

卵：近球形，底径约0.8毫米，表面有六角形蜂窝状网纹，黄色，近孵化时灰白色。

幼虫：初孵白色，以后头渐变为褐色，胸腹部黄白色，前胸背板黄色，臀板长椭圆形，有圆圈状斑纹，并有纵行凹纹4条。

蛹：乳白带有淡黄色，纺锤形，翅芽达第五腹节，腹末端有大刺2个。

发生特点

发生代数	在北方地区1年发生1代，长江流域1年发生1～2代，华南地区1年发生2～3代
越冬方式	以成虫在背风向阳的杂草、落叶及土缝中越冬
发生规律	越冬成虫在春季平均温度高于10℃开始出蛰，5～8月产卵，6月产卵最盛，卵产于寄主根际潮湿的土表；6～8月是幼虫为害盛期，其中以7月为害最重，幼虫发育历时30天左右，在土下10～13厘米处做土室化蛹，蛹期16～26天
生活习性	成虫喜阳光，夜间停止活动，有假死性和趋黄性

防治措施

1.阻隔产卵　①根据其产卵于根际土壤周围的特性，可采用地膜覆盖，阻隔产卵。②在瓜株附近土面和瓜苗叶片上撒草木灰、石灰粉、秕糠、锯末可防止成虫产卵。

2.药剂防治　可选用高效氯氟氰菊酯、溴氰菊酯、阿维菌素、杀虫双等药剂防治，注意复配用药、交替用药。

菱斑食植瓢虫

菱斑食植瓢虫（*Epilachna insignis*）属鞘翅目瓢虫科，除了为害栝楼，还可为害龙葵、丝瓜、茄子等。

为害特点 幼虫及成虫取食叶表皮及叶肉，严重影响栝楼的产量和品质，严重时可造成全株枯死。

形态特征

成虫：瓢虫的个体比较大，体长10～11毫米，半球形，背面拱起，红褐色，全体被黄白色细毛。胸背板上有一黑色横斑，小盾片浅色。两鞘翅上各有7个黑斑。

幼虫：淡黄褐色，椭圆形，背面隆起，体背各节生有整齐的枝刺。

卵：长卵形，两端较尖，黄色，常聚集成堆竖立在一起。

菱斑食植瓢虫成虫

发生特点

发生代数	在陕西1年发生1代
越冬方式	以成虫在草丛、枯枝等上越冬
发生规律	5～6月初成虫交尾后，转移到幼苗叶片背面产卵。6～8月为幼虫为害期，随着幼虫的生长，取食量暴增。8月下旬后，老熟幼虫开始陆续化蛹，4～5天后开始羽化为成虫，可继续在叶片及果实上为害，10月中下旬后，随着气温降低，开始陆续越冬
生活习性	成虫活动力弱，一般不飞行，只爬行移动；成虫有假死性，触动即落到地上

防治适期 6月中下旬至7月上旬低龄幼虫期（一至三龄）。

防治措施

1.人工捕捉　①利用成虫的假死习性敲打植株，使成虫落地收集消灭。②产卵盛期摘除叶背卵块。卵块颜色鲜艳，极易发现，易于摘除。

2.药剂防治　防治适期可用溴氰菊酯、阿维菌、吡虫啉、阿维菌素、高效氯氰菊酯等药剂，兑水稀释喷雾防治，注意叶片正反两面都要喷到。

瓜实蝇

瓜实蝇（*Bactrocera cucurbitae*）属双翅目实蝇科。主要分布在江苏、福建、海南、广东、广西、贵州、云南、四川、湖南、台湾等省份。

为害特点 以成虫产卵和幼虫蛀瓜为害。成虫将产卵管插入果皮组织，将卵产于果实内，卵孵化出幼虫，幼虫取食果瓤和果肉，以致腐烂、脱落。

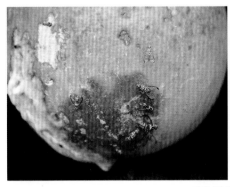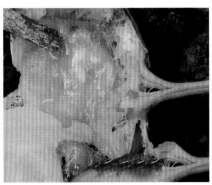

瓜实蝇为害状

形态特征

　　成虫：体长8～9毫米，雄虫比雌虫略小。体褐色，额狭窄，两侧平行，宽度为头宽的1/4。前胸左右及中、后胸有黄色纵条纹。腹部第1、2节背板全为淡黄色或棕色，无黑斑带，第3节基部有一黑色狭带，第4节起有黑色纵带纹。翅膜质透明，杂有暗黑色斑纹。腿节具有1个不完全的棕色环纹。

　　卵：长约1毫米，细长米粒状，一端稍尖，乳白色。

　　幼虫：体长9～11毫米，乳白色，蛆状，口钩黑色，体躯第1节背面两侧各有颗粒状突起1个，尾端背面有相连的颗粒状突起2个，腹面1个，前气门指状突15～22个。

　　蛹：长约5毫米，圆筒形，黄褐色。

发生特点

发生代数	在长江流域1年发生4～5代，世代重叠
越冬方式	以成虫或蛹在杂草上越冬
发生规律	越冬成虫通常于4～5月开始活动，5～6月数量逐渐增多，7～9月发生为害盛期，11月底进入越冬期，以第一、二代为害较重

（续）

生活习性	成虫白天活动，夏天中午高温烈日时，静伏于瓜棚或叶背，对糖、酒、醋及芳香物质有趋性

防治措施

1.**处理病瓜** 被瓜实蝇蛀食和腐烂的瓜，应集中拿出园外深埋处理。

2.**诱杀成虫** 利用瓜实蝇成虫嗜食甜质花蜜的习性，用香蕉皮或菠萝皮煮熟发酵，混入敌百虫，加水调成糊状毒饵，挂于棚下。

3.**药剂防控** 在成虫盛发期，中午或傍晚喷施药液，可选用阿维菌素、高效氯氰菊酯、甲氨基阿维菌素苯甲酸盐、溴氰虫酰胺等。

瓜藤天牛

瓜藤天牛（*Apomecyna saltator*）又称蛀藤虫，属鞘翅目天牛科。分布于江苏、福建、台湾、湖南、广东等省份，寄主为栝楼、南瓜、冬瓜、丝瓜、葫芦等瓜类作物。

为害特点 主要以幼虫蛀害瓜藤，被害处膨胀畸形，致全株枯死。

形态特征

成虫：体长8～12毫米，体圆筒形，红褐色至黑褐色，被棕黄色短绒毛。头、胸、足和鞘翅上杂有许多不规则形白色小斑点，呈豹纹状。触角仅及体长之半。鞘翅上有刻点呈纵行排列，在每鞘翅上有两块大白斑。

幼虫：末龄幼虫体长13～17毫米，扁长筒形，无足，体乳白或淡黄色，头褐色，口器黑色，前胸背板前缘有1条褐纹，尾部无刺突。全身披有稀疏棕红色短毛。

瓜藤天牛为害状

发生特点

发生代数	在长江流域1年发生1～3代
越冬方式	多以老熟幼虫在瓜藤里越冬，少量以成虫及卵越冬
发生规律	成虫于5月上旬开始产卵，靠近山场或有较多杨树林的地块发生较重
生活习性	成虫昼伏夜出，活动力弱，具有假死性、弱趋光性

防治措施

1.清洁田园　结合冬季清园和发生期修剪，剪除虫害枝，消灭部分幼虫。

2.人工捕捉　少量发生时，可人工捕杀成虫。

3.化学防治　发病时，用阿维菌素或氯氰菊酯对藤蔓均匀喷雾。

第五节　酸　枣

酸枣（*Ziziphus jujuba* var. *spinosa*）为鼠李科木本植物，入药部位为酸枣仁——酸枣干燥成熟的种子，别名枣仁、酸枣核。酸枣仁味甘、酸，性平，具有养心补肝、宁心安神等功效。酸枣以山坡丘陵野生为主，近几年人工种植面积不断扩大。主要分布在我国北方地区，如河北、辽宁、山东、山西、陕西等省份。主要病虫害有枣疯病、锈病、绿盲蝽、红蜘蛛、黄刺蛾、枣龟蜡蚧、枣食芽象甲等。

酸枣枣疯病

枣疯病又称丛枝病，是我国酸枣树的毁灭性病害。病树又叫"公枣树"，发病3～4年后即可整株死亡，对生产威胁极大。近几年来枣疯病相继暴发成灾，且日趋严重。我国各酸枣产区均有发生，尤以河北、河南、山东、北京等省份发生严重。

田间症状　病原物侵入后，首先运转到根部，经增殖后再由根部向上运行，引起地上部发病。全树发病后，小树1～2年，大树3～5年，即可死亡。酸枣树地上、地下部均可染病。地下部染病，主要表现为根蘖丛生。地上部染病主要表现为：①花变异。花柄加长为正常花的3～6倍，萼片、花瓣、雄蕊和雌蕊反常生长，成浅绿色小叶。②丛枝。树势较强的病树，小叶叶腋间还会抽生细矮小枝，形成丛枝。发育枝正副芽和结果母枝，一年多次萌发生长，连续抽生细小黄绿的枝叶，形成稠密的丛枝。全树枝干上原是休眠状态的隐芽大量萌发，抽生黄绿细小的丛枝。③叶片黄化。④枯死。

枣疯病田间症状

枣疯病花变叶

枣疯病根蘖苗

发生特点

病害类型	系统性侵染病害
病原	枣植原体（Phytoplasma），是介于病毒和细菌之间的多形态质粒。无细胞壁，仅以厚度约10纳米的膜所包围。易受外界环境条件的影响，形状多样，大多为椭圆形至不规则形
越冬场所	在寄主活体或介体生物体内生活才能越冬
传播途径	枣疯病可通过各种嫁接和分根传播。在自然界中，除嫁接和分根传染之外，橙带拟菱纹叶蝉、中华拟菱纹叶蝉、凹缘菱纹叶蝉等昆虫均是传播媒介
发病规律	病害潜育期最短25～31天，最长可达372～382天；土壤干旱瘠薄及管理粗放的酸枣园发病严重；品种间抗病性差异大

防治适期 田间防治越早越好，一旦发现，及时铲除。

防治措施

1.铲除病株 要及早彻底铲除病株，并将大根一起刨干净，以免再生病蘖苗。对小疯枝应在树液向根部回流之前，阻止病原体随树体养分下流，要从大分枝基部砍断或环剥。连续处理2～3年。

2.选用抗病品种 应在无病的酸枣园中采取接穗、接芽或分根繁殖，以培育无病苗木。苗圃中一旦发现病苗，应立即拔掉销毁。

3.农业防治 ①深翻扩穴，增施有机肥、磷钾肥、菌肥，提高土壤肥力，增强树体的抗病能力。②清除杂草及野生灌木，减少虫媒滋生场所。

4.防治叶蝉 在6月上旬至9月下旬，可以用20%氟啶·吡虫啉水分散粒剂2 000倍液喷雾，控制叶蝉传毒为害。

酸枣锈病 ······························

田间症状 主要为害叶片。发病初期，叶片背面多在中脉两侧及叶片尖端和基部散生淡绿色小点，后形成暗黄褐色突起。夏孢子堆埋生在表皮下，后期破裂，散放出黄色粉状物。发展到后期，在叶正面与夏孢子堆相对的位置，出现绿色小点，边缘不规则。病叶渐变灰黄色，失去光泽，干枯脱落。树冠下部先落叶，逐渐向树冠上部发展。在落叶上有时形成黑褐色冬孢子堆，其稍突起，但不突破表皮。

酸枣锈病叶背面

酸枣锈病叶正面

发生特点

病害类型	真菌性病害
病原	枣层锈菌（*Phakopsora ziziphi-vulgaris*）
越冬场所	以夏孢子在脱落的病叶上越冬
传播途径	通过风雨传播
发病规律	7月下旬至8月初开始发病，9月上旬为发病高峰期，并开始落叶，10月底夏孢子停止侵染，病叶大量脱落，落叶上的夏孢子开始越冬。发病轻重与当年降雨有关，雨季早、降雨多、气温高的年份发病早而严重，干旱年份发生轻。

防治适期 7月上旬。

防治措施

1.健身栽培　①冬春清扫落叶，集中处理，消灭侵染菌源。②酸枣树要合理修剪，疏除过密枝条，改善树冠内的通风透光条件。③酌情追肥浇水，增强树势，减轻病害发生。

2.药剂防治　防治适期可选用25%粉锈宁可湿性粉剂1 000倍液、10%苯醚甲环唑水分散粒剂1 500倍液或25%戊唑醇水乳剂2 000倍液等喷雾防治。

绿盲蝽 ·······

　　绿盲蝽（*Apolygus lucorum*）属半翅目盲蝽科，别名花叶虫、小臭虫等。在我国各酸枣产区均有分布，对树势和产量影响较大。

为害特点　以成虫、若虫刺吸酸枣嫩叶、嫩芽的汁液，随后叶片展开，形成大量破孔且皱缩不平，即"破叶疯"。叶残缺破烂、卷缩畸形、早落。腋芽、生长点

绿盲蝽为害状

受害，可造成腋芽丛生。

形态特征

　　成虫：体长5毫米，绿色，密被短毛。头部三角形，黄绿色，触角4节，丝状，约为体长2/3。前胸背板深绿色，布有许多小黑点。小盾片三角形微突，黄绿色。前翅膜片半透明，暗灰色。

绿盲蝽成虫

　　卵：长1毫米，黄绿色，长口袋形，卵盖奶黄色。

　　若虫：共5龄，与成虫相似。初孵时体色为绿色，二龄若虫体色为黄褐色，三龄若虫出现翅芽，四龄若虫翅芽超过第1腹节，若虫五龄后全体鲜绿色，密被黑细毛。

发生特点

发生代数	在北方地区1年发生3～5代
越冬方式	以卵在酸枣树皮或断枝内及土中越冬
发生规律	4月中下旬为孵化盛期，起初在杂草上为害，5月上旬开始为害酸枣嫩芽、新叶，9月下旬开始产卵越冬。成虫羽化后6～7天开始产卵，卵期7～9天，春、秋两季为害较重
生活习性	有趋嫩为害的习性，生活隐蔽，爬行敏捷，成虫寿命长，飞行力强，喜食花蜜

防治适期

酸枣树上的绿盲蝽第1～2代发生整齐集中（约为5月上中旬，即酸枣树萌芽生长期），是药剂防治的关键时期。

防治措施

　　1. 消灭越冬虫卵　清除树下及周边秸秆、杂草，以消灭越冬虫卵。

　　2. 物理防治　利用杀虫灯或黄板诱杀成虫。

　　3. 药剂防治　防治适期可选用吡虫啉、高效氯氟氰菊酯等喷雾防治。

红蜘蛛

　　为害酸枣的红蜘蛛主要有截形叶螨（*Tetranychus truncatus*）和朱砂叶螨（*Tetranychus cinnabarinus*），但以截形叶螨为主。

为害特点 以成螨、幼螨、若螨集中在叶芽和叶片上取食汁液为害，被害叶片出现失绿的小斑点，后逐渐扩大成片，严重时叶片枯黄脱落，造成大面积减产。

红蜘蛛为害状

形态特征

1.截形叶螨

雌成螨：体长0.55毫米，宽0.3毫米。体椭圆形，深红色，足及颚体白色，体侧具黑斑。须肢端感器柱形，长约为宽的2倍，背感器约与端感器等长。气门沟末端呈U形弯曲。各足爪间突裂开为3对针状毛，无背刺毛。

雄成螨：体长0.35毫米，体宽0.2毫米，背缘平截状，末端1/3处具一凹陷，端锤内角钝圆，外角尖削。

2.朱砂叶螨

雌成螨：体长0.42～0.5毫米，宽0.3毫米，椭圆形。体背两侧有块状或条形深褐色斑纹。

雄成螨：体长0.4毫米，菱形，红色或锈红色。

幼螨：初孵幼螨体呈近圆形，淡红色，长0.1～0.2毫米，足3对。

若螨：幼螨蜕皮后变为若螨，足4对，前期体色淡，后期雌性个体体色加重。

发生特点

发生代数	1年发生10 ~ 20代
越冬方式	在华北地区以雌螨在土缝中或枯枝落叶上越冬，华中地区以各虫态在多种杂草上或树皮缝中越冬
发生规律	早春气温高于10℃，越冬螨开始大量繁殖，多于4月下旬至5月上旬开始为害，先是点片发生，后向周围扩散。6 ~ 8月是为害高峰期，10月中下旬开始越冬。高温、干旱、刮风有利于该虫的发生和传播，强降雨则对其繁殖有抑制作用
生活习性	成螨一生可产卵50 ~ 150粒，卵多散产，多产于叶背

防治适期　5月下旬至7月上旬，此时酸枣正处于开花期，是药剂防治的关键时期。

防治措施

1.清理枣园　清除树下及周边秸秆、杂草，消灭越冬虫源。

2.设置粘虫胶　4月下旬酸枣树发芽前，应用无公害粘虫胶在树干中部涂一闭合胶环，环宽2 ~ 2.5厘米，1个月后再涂1次。

3.药剂防治　可选用2%阿维菌素乳油1 000倍液、20%四螨嗪悬浮剂2 000 ~ 3 000倍液、5%噻螨酮乳油4 000倍液、20%哒螨灵可湿性粉剂2 000倍液等喷雾防治。

黄刺蛾 ·····

黄刺蛾（*Cnidocampa flavescens*）属鳞翅目刺蛾科，俗称八角虫、白刺毛。可为害酸枣、枣、核桃、柿、苹果等90多种植物，在我国各省份均有分布。

为害特点　以幼虫为害酸枣叶片，形成很多孔洞、缺刻或仅留叶柄、主脉，严重影响树势和产量。

形态特征

成虫：体长13 ~ 16毫米，头、胸黄色，腹部红褐色。前翅内部黄色，外部红褐色；有两条暗褐色斜线，在翅尖前汇合于一点，呈倒V形，内面一条伸到中室下角，外面一条稍外曲，伸达臀角前方，但不达后缘。后翅灰黄色。

卵：扁椭圆形，长1.4～1.5毫米，淡黄色。

幼虫：老熟幼虫体长19～25毫米，体粗大，黄绿色。体背有1个哑铃形紫褐色大斑纹和许多突起枝刺。

蛹：椭圆形，粗大，长13～15毫米，黄褐色。

茧：椭圆形，质坚硬，灰褐色，有灰白色不规则纵条纹，极似雀卵。

黄刺蛾成虫

黄刺蛾幼虫

黄刺蛾蛹及茧

发生特点

发生代数	1年发生1～2代
越冬方式	以老熟幼虫在茧内越冬
发生规律	翌年5月中旬开始化蛹，6月中旬至7月中旬出现成虫，6月下旬至8月为幼虫期，8月中旬幼虫陆续老熟，在枝干等处结茧越冬，7～8月黄刺蛾幼虫发生严重
生活习性	成虫昼伏夜出，有趋光性，卵多产于叶背

防治适期 幼虫发生初期。

防治措施

　　1.农业防治　在冬、春修剪时剪除带有越冬虫茧的枝条，集中销毁。

　　2.物理防治　在成虫羽化期利用黑光灯诱杀。

　　3.药剂防治　防治适期可用触杀型药剂喷雾防治，如5%高效氯氟氰菊酯水乳剂3 000 ～ 5 000倍液或5%高氯·甲维盐微乳剂1 000倍液等。

枣龟蜡蚧

枣龟蜡蚧

　　枣龟蜡蚧（*Ceroplastes japonicus*）属半翅目蜡蚧科，又名日本龟蜡蚧、树虱子，在我国各酸枣产区均有分布。

为害特点　以若虫和成虫刺吸酸枣叶片和1 ～ 2年生枝条汁液，并排泄蜜露枝条受害后，皮层输导组织受损，常诱发煤污病，影响光合作用。枝条受害后，皮层输导组织受损，削弱树势，严重者枝条枯死，造成大量减产。

枣龟蜡蚧雌成虫为害状

形态特征

　　雌成虫：体背有较厚的白蜡壳，呈椭圆形，长4 ～ 5毫米，背面隆起似半球形，中央隆起较高，表面具龟甲状凹纹。活虫蜡壳背面淡红，边缘乳白，死后淡红色消失。

　　雄成虫：体长1 ～ 1.4毫米，体淡红至紫红色，眼黑色，触角丝状，翅1对白色透明，具2条粗脉，足细小，腹末略细，性刺色淡。

　　卵：椭圆形，长0.2 ～ 0.3毫米，初淡橙黄色后变紫红色。

　　若虫：初孵若虫体长0.4毫米，椭圆形扁平，淡红褐色，触角和足发达，灰白色，腹末有1对长毛。固定1天后开始分泌蜡丝，7 ～ 10天形成蜡壳，周边有12～15个蜡角。

蛹：纺锤形，长1毫米，体棕褐色，性刺笔尖状。

发生特点

发生代数	1年发生1代
越冬方式	以受精雌虫主要在1～2年生枝条上越冬
发生规律	翌年春季酸枣发芽时开始为害，4月下旬虫体迅速膨起，5月开始产卵，6月若虫开始孵化，8月中旬开始化蛹，11月陆续开始越冬
生活习性	初孵若虫多爬到嫩枝、叶柄、叶面上固着取食，可孤雌生殖，具趋光性

防治适期 若虫发生初期（6月下旬至7月上旬）。

防治措施

1.人工除虫 ①结合冬剪剪除虫枝，雌成虫孵化前用刷子或木片刮刷枝条上的成虫。②冬季枝条上结冰凌或雾凇时，用木棍敲打树枝，虫体可随冰凌掉落，最后集中消灭。

2.保护和利用天敌 常见的天敌有瓢虫、草蛉、寄生蜂等。

3.药剂防治 防治适期可选用20%螺虫·噻虫嗪悬浮剂3 000倍液或33%螺虫·噻嗪酮悬浮剂3 500倍液等喷雾防治。

枣食芽象甲

枣食芽象甲（*Pachyrhinus yasumatsui*）又称枣飞象、枣月象、小灰象鼻虫，属鞘翅目象甲科，是原生于我国枣树上的一种重要灾害性害虫。

为害特点 早春以成虫咬食酸枣嫩芽和幼叶，将叶尖咬成半圆形或锯齿状缺刻，严重时可将嫩芽吃光，造成二次发芽，削弱树势，降低产量与品质。

形态特征

成虫：体长约5毫米，灰色，雄虫色稍深。头管粗短，头部背面两复眼之间凹陷，前胸背面中央色稍暗，呈棕灰色。鞘翅卵圆形，有纵列刻点10条，散生褐色斑纹。腹面银灰色。

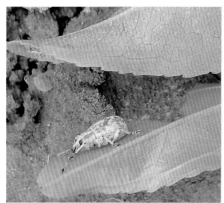

枣食芽象甲成虫

卵：长椭圆形，初产时乳白色，近孵化时棕褐色。卵堆生。

幼虫：体长约6毫米，乳白色，略弯曲，无足，似蛴螬。

蛹：长约5毫米，灰白色。

发生特点

发生代数	1年发生1代
越冬方式	以幼虫在土中越冬
发生规律	翌年4月上旬化蛹，4月下旬至5月上旬为成虫羽化盛期。5月下旬至6月中旬幼虫孵化，后沿树干下树潜入土中或直接落地入土，取食植物细根，秋后越冬
生活习性	5月以前由于气温较低，成虫多在晴朗无风的中午前后上树为害，早晚则在近树干的土中潜伏。5月以后，气温升高，成虫则喜早晚活动，并有受惊坠地的假死习性。卵多产于酸枣树的嫩芽、叶面、枣股、翘皮上或裂缝中

防治适期 4月下旬，成虫出土上树前。

防治措施

1.捕杀成虫　成虫发生期，利用其假死性，早、晚振落并捕杀成虫。

2.药剂防治　①可用40%辛硫磷乳油500倍液等喷洒树干及干基部附近地面，毒杀羽化出土的成虫。②成虫发生盛期，可选用5%甲维·高氯氟水乳剂1 500倍液或10%甲维·茚虫威悬浮剂2 000倍液等喷雾防治。

第六节 桑 树

桑树（*Morus alba*）为桑科落叶乔木或灌木，以成熟果实（桑葚）入药，具有补肾益气、利尿消肿、生津止渴的功效，桑叶、桑枝、桑根、桑木、桑树寄生物皆是中药材。主要在我国广东、广西、四川、河北、山东等省份人工种植，主要病虫害有菌核病、日本纽绵蚧、朝鲜球坚蚧、桑尺蠖等。

桑树菌核病

田间症状 该病分为肥大型、缩小型和小粒型3种，肥大型病果灰白色，果实膨大，中心有大型黑色菌核，有臭气。缩小型病果显著缩小，灰白色，质地坚硬，表面有暗褐色细斑，病椹内形成黑色坚硬菌核。小粒型桑椹各小果染病后，灰黑色，果实膨大，内生小粒型菌核，容易脱落而残留果轴。

桑葚菌核病果实症状

发生特点

病害类型	真菌性病害
病原	核盘菌（*Sclerotinia shiraiana*）等
越冬场所	以菌核在病残体上越冬
传播途径	通过气流传播
发病规律	春季温暖、多雨、土壤潮湿利于菌核萌发，病害发生重。在桑葚开花期间，如3天持续降雨或温度较低易发病。在通风透光差、湿度低条件下，花果多、树龄较长的果园易发病
病害循环	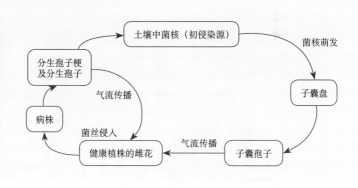

防治适期 非化学防治在秋冬及春季桑树萌芽前进行，化学防治在萌芽后到花期进行。

防治措施

1.减少初侵染源 ①果实发育期巡园，及时清除地上和树上的病果，远离园区深埋。②采果后或者冬耕时深翻土壤，将地面上菌核深埋。③开花前铺设地膜，隔离土壤中的病菌。

2.健身栽培 ①保证园区排水良好，降低田间湿度。②加强果树修剪，保证通风透光。③科学施肥，增施有机肥。

3.药剂防治 ①桑芽刚萌动时，用40%菌核净可湿性粉剂1 000倍液、50%多菌灵可湿性粉剂600倍液或70%甲基硫菌灵可湿性粉剂1 000倍液对树体和地面全面喷洒。②发病时，用50%多菌灵可湿性粉剂或70%甲基硫菌灵可湿性粉剂1 000倍液交替防治，每7～10天喷1次，直到花期结束为止。

日本纽绵蚧 ···

日本纽绵蚧（*Takahashia japonica*）属半翅目绵蚧科，是桑园常见害虫。该虫分泌有蜡粉，较难防治。

为害特点 常以若虫、雌成虫刺吸枝条的养分、水分为生，影响枝条正常生长，造成枝梢枯死，桑葚减产，影响树势。

日本纽绵蚧为害状

形态特征

雌成虫：体长4 ~ 8毫米，卵圆形或椭圆形，背部红褐色或深褐色（近黑色），背部隆起，呈半个豌豆形，背腹体壁柔软，产卵时体背分泌蜜露，腹部慢慢产生白色卵囊，向后延伸，随着卵量增加卵囊向上弓起，逐渐形成扭曲的U形。

若虫：长椭圆形，长0.6毫米，肉红色。

卵：椭圆形，长约0.4毫米，橙黄色，扁平表面有蜡粉。

发生特点

发生代数	1年发生1代
越冬方式	以受精雌成虫在枝条上越冬

（续）

发生规律	春天果树萌芽时，越冬成虫开始吸食汁液，虫体随之膨大。越冬成虫从4月下旬开始产卵，5月中旬为产卵盛期。卵于5月上旬开始孵化，孵化盛期在5月中下旬
生活习性	初孵若虫分散爬行到枝条上取食，然后固着在枝条上分泌棉毛状蜡丝，逐渐形成介壳

防治适期 介壳膨大期和卵若虫孵化盛期。

防治措施

1.清除虫枝 结合清园清理枯枝落叶，人工清除树体上的越冬雌虫，结合春季修剪，剪除被害严重的枝条。

2.药剂防治 可用25%噻嗪酮悬浮剂1 000 ～ 1 500倍液进行喷雾防治。若前期未控制住虫害，可采用矿物油加杀虫剂喷施的方法，矿物油会在虫体表面形成一层致密的膜把介壳给包裹住，导致氧气无法进入壳内，虫体缺氧死亡，视防治情况喷施1 ～ 2次。

朝鲜球坚蚧

朝鲜球坚蚧（*Didesmococcus koreanus*）又名朝鲜球蚧，属半翅目蚧科，危害桑树等多种植物，在全国各地均有分布。

为害特点 成虫、若虫从蜡质覆盖物下爬出，固着在枝条上吸食汁液，雌虫逐渐膨大呈半球形，形成紫褐色、钢盔状虫体，造成树势衰弱，严重

朝鲜球坚蚧为害状

时导致枝条枯死。

形态特征

雌成虫：无翅，介壳半球形，横径约4.5毫米，红褐色，腹面与枝条结合处有白色蜡粉，体腹面淡红色，体节隐约可见。

雄成虫：体长约2毫米，赤褐色，有翅1对，翅脉简单，腹部末端有1对白色蜡质尾毛和1根性刺。

若虫：初孵若虫长扁圆形，全体淡粉红色，复眼红色极明显，足黄褐色、发达，活动能力强，体表被白色蜡粉，腹部末端有1对白色尾毛，固着后的若虫体色较深，背面覆盖白色丝状蜡质物。

发生特点

发生代数	1年发生1代
越冬方式	以二龄若虫在枝干裂缝、伤口或翘皮处越冬
发生规律	3月上中旬若虫从蜡质覆盖物下爬出，在枝条上吸食汁液为害，雌虫逐渐膨大呈半球形，雄虫成熟后化蛹。雌虫于5月中下旬抱卵于腹下，抱卵后的雌成虫逐渐干缩，仅留空介壳，壳内充满卵粒，初孵若虫从母体爬出，寄生于枝条裂缝和枝条基部叶痕处
生活习性	初孵若虫分散爬行到枝条、叶背上取食

防治适期 若虫孵化盛期。

防治措施

1. 清洁田园 ①秋冬休眠期刮除老树皮，春季修剪及时剪除虫量较大的枝条，集中带到园外深埋。②4月中旬，虫体介壳膨大期，对枝条上集中为害的虫体用硬毛刷或木棒挤压，也可用麻袋片等粗糙物人工抹杀。

2. 药剂防治 ①桑芽萌发前，用4%～5%矿物油乳剂喷洒树干，减少越冬虫量。②可用20%甲氰菊酯乳油1 500倍液进行喷雾防治。

桑尺蠖

桑尺蠖（*Phthonandria atrilineata*）又称桑搭、造桥虫，属鳞翅目尺蛾科，是为害桑树芽叶的重要害虫之一。

为害特点 主要为害期在春季和秋季。桑芽萌发后桑尺蠖幼虫取食桑芽，常把内部吃空，仅留苞叶。幼虫还可咬食叶片成缺刻，严重的仅留叶脉，造成树势衰弱，桑果大幅度减产。

形态特征

成虫：体翅呈浅铜褐色，有黑色小点，前翅中部有两条黑色曲折的横线。

卵：扁平椭圆形，水绿色，孵化前转暗紫色。

幼虫：体圆筒形，前细后粗，刚孵化出来时为水绿色，后逐渐变成灰褐色，各节后缘稍隆起，第1腹节及第5腹节背面近后缘处各有一长形突起，背面散布黑色小点。

桑尺蠖幼虫

蛹：体长19毫米，紫褐色，具粗糙、不规则的皱纹。

发生特点

发生代数	1年发生2～7代
越冬方式	以幼虫潜入树皮裂缝或平伏枝条背风面越冬
发生规律	桑尺蠖在江西一年发生5代，各代幼虫为害高峰期分别为5月下旬、6月下旬、7月下旬、8月底9月初、10月中旬；在山东一年发生3代，各代幼虫发生期分别为6月上旬、7月下旬和9月上旬
生活习性	低龄幼虫日夜取食，高龄幼虫昼伏取食

防治措施

1.减少越冬虫量　清除桑园中枯枝落叶、杂草等，对冬剪的枝条及枯枝落叶进行集中处理，减少越冬幼虫数量。

2.控制幼虫上树　桑树主干第一分枝以下选树干平滑部位缠绕两道透明胶带，减少幼虫上树数量。

3.药剂防治　桑树冬芽开始转青但尚未脱苞时，喷洒 10%吡虫啉可湿性粉剂 2500 倍液以杀灭越冬幼虫，在 1 周后补喷药 1 次，做到不留死角。

第七节　牛　蒡

牛蒡（*Arctium lappa*）又名大力子、东洋参、鼠枯草等，为桔梗目菊科二年生草本植物，以种子入药称牛蒡子。具有驱散风热、宣肺透疹、解毒利咽的功效。牛蒡主要病虫害有白粉病、黑斑病、叶斑病、根结线虫病、牛蒡长管蚜等。

牛蒡白粉病

田间症状　主要为害叶片，有时也为害叶柄。该病多从植株下部叶片开始发生，叶片两面生白色粉霉斑，后向上部叶片蔓延，整个叶片呈现白粉，后期粉霉斑呈黄褐色，致叶片黄化或枯萎，有些病部长出小黑点。

牛蒡白粉病叶部症状

发生特点

病害类型	真菌性病害
病原	单丝壳（*Sphaerotheca fuliginea*）
越冬场所	以闭囊壳在牛蒡等寄主病残体上，或以菌丝体在保护地活体莴苣等寄主上越冬

（续）

传播途径	通过气流传播
发病规律	一年有2个发病高峰，5月中旬出现第1个发病高峰，7月上旬至8月上旬出现第2个发病高峰。当气温在16～24℃时，相对湿度高易发病。重茬田、栽植过密，通风不良或氮肥偏多发病重

防治措施

1.健身栽培　合理密植，合理施用氮肥，收获后应彻底清除病残体，生长期应及时摘除病叶、老叶，带出田外深埋，减少病菌基数。选用抗（耐）病品种，待种子出齐苗后，每隔10天左右，喷1次5%氨基寡糖素1 000倍液，共喷2～3次。

2.药剂防治　发病时，可选用嘧菌酯、烯唑醇、醚菌酯、氟硅唑或氟菌唑等药剂，每隔7～10天喷1次，连喷2～3次，注意轮换交替用药。

牛蒡黑斑病

田间症状　主要为害叶片、叶柄。苗期染病，初在叶片上生褐色至茶褐色圆形病斑，表面平滑，后期病斑中间变薄且褪为浅褐色至灰色，易于破裂或穿孔，其上散生黑色小粒点。严重时，多个病斑融合为不规则形大斑块，致使病部黄枯。叶柄受害时，病斑呈梭状，暗褐色，稍凹陷。在潮湿的条件下，病斑可轻度腐烂。

牛蒡黑斑病叶部症状

发生特点

病害类型	真菌性病害
病原	牛蒡叶点霉（*Phyllosticta lappae*）
越冬场所	以分生孢子器在病残体、土壤中越冬

（续）

传播途径	通过风雨传播
发病规律	6～9月高温、多阴雨天气该病发展迅速。田间植株荫蔽，空气湿度高，管理不当、缺肥、植株生长衰弱等利于病害发生

防治措施

1.健身栽培　参照牛蒡白粉病。

2.药剂防治　发病时，可选用百菌清、可杀得、代森锰锌、多菌灵或甲基硫菌灵等药剂，每隔5～7天喷1次，连喷2～3次。

牛蒡叶斑病 ···

田间症状　该病主要为害叶片和叶柄，叶片染病初期在叶面上生许多水渍状暗绿色圆形至多角形小斑点，后逐渐扩大，在叶脉间形成褐色至黑褐色多角形斑，病斑中央为灰褐色，表面呈树脂状，有的叶片卷缩。叶柄染病初期出现黑色短条斑，后稍凹陷，叶柄干枯略卷缩。

牛蒡叶斑病叶部症状

发生特点

病害类型	细菌性病害
病原	黄单胞杆菌（*Xanthomonas campestris* pv. *nigromaculans*）
越冬场所	病菌主要在种子、土壤及其病残体上越冬
传播途径	通过雨水、灌溉水、农事操作等途径传播

防治措施

1.健身栽培　参照牛蒡白粉病。

2.药剂防治　可选择琥铜·乙膦铝、络氨铜，每隔10天左右1次，连喷2～3次。

牛蒡根结线虫病

田间症状　牛蒡根结线虫在牛蒡根部寄生，刺激细胞过度生长和分裂，致使牛蒡细根肿胀，严重时根部出现大小不一的瘤状物，根变褐色或暗褐色。发生严重时，地上植株叶片小而黄化，植株生长缓慢，甚至萎蔫死亡。

发生特点

病害类型	线虫性病害
病原	北方根结线虫（*Meloidogyne hapla*）等
越冬场所	以二龄幼虫或当年的卵在病组织内或土壤中越冬
传播途径	通过病土、病苗及灌溉水传播
病害循环	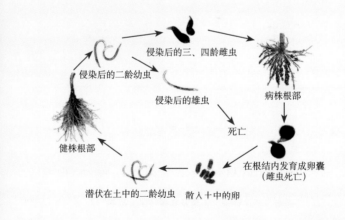

侵染后的三、四龄雌虫

侵染后的二龄幼虫

侵染后的雄虫

病株根部

死亡

在根结内发育成卵囊
（雌虫死亡）

健株根部

潜伏在土中的二龄幼虫　散入土中的卵

防治措施

1.轮作换茬　可与小麦、玉米等禾本科作物换茬种植，能显著减少土壤中线虫量，控害效果显著。

2.清洁田园　牛蒡收获后，将病残体植株带出田外，集中深埋，并铲除田间杂草如苋菜等，以减少下茬线虫数量。

3.土壤消毒　根结线虫发生严重地块，在牛蒡种植前30天应当进行土壤消毒。撒施50%氰氨化钙50～75千克/亩，用旋耕犁耕翻，起垄覆盖地膜，膜下浇水，15～20天后揭膜、晾墒、耙地、整畦备种。定植前处理后增施枯草芽孢杆菌，改良土壤生态。

4.药剂防治　可选用噻唑膦拌土撒施，也可以选用阿维菌素或氟吡菌酰胺灌根，每隔5～7天使用1次，连用3次。

牛蒡长管蚜 ·····················

　　牛蒡长管蚜（*Uroleucon gobonis*），属半翅目蚜科，其寄主有牛蒡、红花和苍术等植物。

为害特点　以成虫、若虫聚集在牛蒡幼叶、嫩茎、花轴上吸食汁液，被害处常出现褐色小斑点，可造成叶片枯萎、分枝和孕蕾数减少，严重影响牛蒡的产量和品质。

牛蒡长管蚜为害状

形态特征

　　无翅孤雌蚜：体长3.6毫米，体黑色，足胫节中部色浅。触角6节，黑色，是体长的1.5倍，腹管长圆筒形，端部有网纹。尾片圆锥形，上有曲毛13～19根。

　　有翅孤雌蚜：体长3.1毫米，体黑色，触角6节，略长于体，第三节基部黄色，其余均为黑色。

发生特点

发生代数	在东北地区1年发生10～15代，浙江1年发生20～25代
越冬方式	在东北地区以卵或若虫在野生菊科植物根际附近越冬，在浙江以无翅胎生雌蚜在红花幼苗和野生菊科植物上越冬

（续）

发生规律	10月下旬，雌蚜在牛蒡叶背面产卵。早春干母孵化，为害牛蒡，5月间发生有翅蚜向红花迁飞，部分蚜虫留在牛蒡上继续为害。8月下旬至9月中旬，有翅蚜又从红花向牛蒡迁飞，其后雌雄交配产卵越冬
生活习性	趋嫩性，对银色有负趋性

防治适期 在5月上中旬和8月中下旬。

防治措施

1.农业防治 ①适期早播。3月中旬土壤解冻后即播种。②实行间作。牛蒡与马铃薯间作。

2.驱避蚜虫 种植田块可覆盖银灰膜驱避蚜虫。

3.保护和利用自然天敌 在行间或周围种植芝麻、苜蓿等蜜源植物，为寄生蜂提供栖息场所与蜜源，提高寄生蜂寄生率和自然控害能力。

4.药剂防治 可选用阿维菌素、苦参·印楝素、氟啶虫酰胺、金龟子绿僵菌、藜芦碱等药剂，每隔7～10天喷施1次，连用2～3次。

第三章

全草类

第一节　铁皮石斛

铁皮石斛（*Dendrobium officinale*）为兰科石斛属多年生附生草本植物，入药部位为茎，具有益胃生津、滋阴清热的功效，素有"千金草""软黄金"之称。近年在浙江、福建、广西、云南、贵州等省份已形成较大种植规模。主要病虫害有黑斑病、斜纹夜蛾等。

铁皮石斛黑斑病 ·······················

田间症状　主要为害叶片，发病初期植株嫩叶上出现褐色小斑点，斑点周围呈黄色，逐步扩散成大型圆斑，严重时互相连成片，直至全叶枯黄脱落。

铁皮石斛黑斑病叶部症状

发生特点

病害类型	真菌性病害
病原	尖孢枝孢（*Cladosporium oxysporum*）、互隔链格孢（*Alternaria alternata*）和细极链格孢（*Alternaria tenuissima*），其中以细极链格孢为主
越冬场所	病菌在病残体、土壤中越冬
传播途径	通过气流传播
发病规律	病菌是从叶片背面气孔侵入，也可通过伤口侵入；此病害常在春末夏初（3～5月）发生，主要侵染移栽苗，多雨季节、地势低洼利于发病

防治适期 非化学防治主要在春季雨季时进行，化学防治在铁皮石斛黑斑病发病时进行。

防治措施

1.农业防治 加强田间管理，合理密植，通风控湿，及时清除病残体，减少田间侵染源。

2.药剂防治 发病时，用咪鲜胺、百菌清、代森锰锌喷雾防治，间隔7～10天喷1次，连续施药2～3次，喷雾要均匀周到，注意喷至叶背。

斜纹夜蛾

斜纹夜蛾（*Spodoptera litura*）属鳞翅目夜蛾科，是一种为害多种农作物及药用植物的害虫，在我国铁皮石斛种植区均有分布。

为害特点 以幼虫取食铁皮石斛叶片及幼芽。初孵幼虫群集为害，三龄前仅食叶肉，三龄后分散为害。幼虫五龄后进入暴食期，猖獗时可吃尽叶片，并迁徙为害。

形态特征

成虫：体长14～21毫米。前

斜纹夜蛾幼虫为害状

翅暗褐色，斑纹复杂，其斑纹最大特点是在两条波浪状纹中间有3条斜伸的白带，故名斜纹夜蛾。

卵：半球形，直径0.4～0.5毫米。呈卵块，多数多层排列，卵块上覆盖棕黄色绒毛。

幼虫：共6龄。老熟幼虫体长38～51毫米，头黑褐色，体色多变，夏秋时黑褐或暗褐色，冬春时淡黄绿或淡灰绿色。

蛹：长18～20毫米，长卵形，红褐至黑褐色。

斜纹夜蛾成虫

斜纹夜蛾卵块

斜纹夜蛾幼虫

斜纹夜蛾蛹

发生特点

发生代数	1年发生多代
越冬方式	主要以蛹在土中越冬，少数以老熟幼虫在土缝、枯叶、杂草中越冬，在广东、广西、海南、福建、台湾等地无越冬（滞育）现象，长江以北地区大都不能越冬
发生规律	喜温、喜湿，主要发生在7～9月

（续）

生活习性	成虫昼伏夜出，具趋光和趋化性，繁殖能力强，多产卵于植株中、下部叶背，幼虫有假死性

防治适期　卵孵化盛期至低龄幼虫盛发期。

防治措施

1.田间管理　①翻耕晒土或灌水，以破坏或恶化其化蛹场所，有助于减少虫源。②结合田间操作，随手摘除卵块和群集为害的初孵幼虫，以减少虫源。

2.诱杀成虫　①放置带有性引诱剂的诱捕器诱杀斜纹夜蛾，从而降低雌雄交配，减少后代种群数量。②架设诱虫灯，利用成虫趋光性，于盛发期诱杀成虫，减少种群基数，降低落卵量。

3.药剂防治　喷施甲氨基阿维菌素苯甲酸盐、氟虫脲、甲氧虫酰肼、茚虫威，喷施1次。

第二节　穿　心　莲

穿心莲（*Andrographis paniculata*）又名春莲秋柳、一见喜、苦胆草、金香草、金耳钩、印度草、苦草等，为一年生草本植物，具有清热解毒、消炎、消肿止痛的作用。主要在我国福建、广东、海南、广西、云南等省份栽培。主要病虫害有立枯病、地下害虫等。

穿心莲立枯病

田间症状　多发生在育苗的中、后期。主要为害幼苗茎基部或地下根，初为椭圆形或不规则形暗褐色病斑，病部逐渐凹陷、缢缩，部分变为黑褐色，病斑逐渐扩大绕茎一周，最后干枯死亡。苗床湿度大时，病部可见不甚明显的淡褐色蛛丝状霉。

发生特点

病害类型	真菌性病害
病原	立枯丝核菌（*Rhizoctonia solani*）等
越冬场所	以菌丝和菌核在土壤或寄主病残体上越冬
传播途径	通过雨水、流水、有带菌土壤的农具以及带菌的堆肥和土壤传播
发病规律	病株及其附近土壤易受到多次侵染，4～5月育苗期，若遇低温多雨，易感病

防治措施

1.农业防治　①及时松土，及时清沟排水，降低土壤湿度。②增强光照，提高地温。③实行轮作。

2.化学防治　发病时，可用甲基硫菌灵、福美双等药剂处理苗床土壤，切勿触及幼苗，以免发生药害。

第三节　益　母　草

益母草（*Leonurus japonicus*）属唇形科益母草属，一年生或二年生草本，以全草入药。广泛分布在内蒙古、河北、山西、陕西、甘肃等省份。主要病虫害有菌核病、白粉病、红蜘蛛等。

益母草菌核病

田间症状　一般花期以前或初花期发病，主要为害茎基部，病部皮层呈水渍状，变褐坏死。病斑逐渐向上下扩展，并深入茎内部，造成植株枯萎。潮湿时表生白色絮状菌丝、球形菌丝团以及大小不等的黑色颗粒物（菌核）。幼苗染病时，病部腐烂，最后幼苗死亡。若在抽茎期染病，表皮脱落，内部呈纤维状，之后植株死亡。

益母草菌核病田间症状

发生特点

病害类型	真菌性病害
病原	核盘菌（*Sclerotinia sclerotiorum*）
越冬场所	以菌核在土壤或混杂在种子中越冬
传播途径	通过风雨传播
发病规律	整个生长期内均会发生，多在4月中旬发病，4月下旬至5月为发病盛期。雨水多，湿度大，发病重

防治措施

1.农业防治　①病地实行轮作，坚持水旱轮作，宜与禾本作物轮作。②收获后及时清除病残株，减少侵染源。

2.化学防治　①及时铲除病土，并撒生石灰粉，同时喷洒代森锌。②发病时，选用木霉制剂、菌核净或腐霉利喷施于植株茎中下部。

益母草白粉病 ·····································

田间症状 地上部分均可受害，以为害叶部为主。叶片两面生白色粉霉斑，大多在叶正面。后期白色粉霉斑中生黑色小点。严重时可致叶片枯萎。

益母草白粉病田间症状

发生特点

病害类型	真菌性病害
病原	鼬瓣花白粉菌（*Erysiphe galeopsidis*）
越冬场所	以子囊果在病残体上越冬
传播途径	通过风雨传播
发病规律	4月上旬开始发病，5月中旬达到发病高峰

防治措施

1. 冬季清园 益母草收获后，清除田间病残株，减少初侵染来源。

2. 药剂防治 发病时，用多菌灵、甲基硫菌灵或丙环唑等药剂连续喷洒2～4次。

红蜘蛛

为害益母草的红蜘蛛主要是朱砂叶螨（*Tetranychus cinnabarinus*），属蜱螨亚纲真螨目，其分布广泛，食性杂，可为害多种植物。

形态特征

雌成螨：体长0.42 ～ 0.5毫米，宽0.3毫米，椭圆形。体背两侧有块状或条形深褐色斑纹。

雄成螨：体长0.4毫米，菱形，红色或锈红色。

幼螨：初孵幼螨体呈近圆形，淡红色，长0.1 ～ 0.2毫米，足3对。

若螨：幼螨蜕皮后变为若螨，足4对，前期体色淡，后期雌性个体体色加重。

发生特点

发生代数	1年发生15代左右，世代重叠严重
越冬方式	以雌成虫聚集在枯叶残株及杂草根部越冬
发生规律	翌年3月，越冬成虫出蛰活动，5月下旬转移至益母草上繁殖为害，6月上中旬达到高峰期。一般春季干旱、夏季高温少雨发生严重
生活习性	该虫靠爬行及风雨扩散，雌成虫主要营孤雌生殖，偶有两性生殖

防治措施

发生时，可选用吡虫啉、炔螨特或阿维菌素等药剂喷雾，每7 ～ 10天喷1次，连喷2 ～ 3次。

第四章

花　　类

第一节 金 银 花

金银花（*Lonicera japonica*）为忍冬科多年生藤状灌木，是一种具保健、药用、观赏及生态功能于一体的经济植物。以干燥的花蕾或待开放的花入药，具有清热解毒、凉散风热之功效。花叶蒸馏成露，可作饮料，能解暑清热。金银花主产于我国山东、河南、河北等省份，主要病虫害有白粉病、褐斑病、炭疽病、锈病、蚜虫、金银花尺蠖等。

金银花白粉病

田间症状 主要为害金银花的叶片、嫩茎和花蕾等。叶片发病初期正面呈现褐色小点，后逐渐变为圆形或不规则形白粉状病斑，之后病斑不断扩大并连成片，叶面布满白粉。在发病后期病叶常表现为皱缩不平并向背卷

金银花白粉病叶部症状

曲。同时在叶片病斑背面产生灰白色粉状物或霉状物。

发生特点

病害类型	真菌性病害
病原	忍冬叉丝壳菌（*Microsphaera lonicerae*）等
越冬场所	主要以闭囊壳在金银花枝条、叶片或周边蓼科杂草等病残体上越冬
传播途径	通过气流、雨水传播
发病规律	温暖干燥或株间荫蔽易发病；施用氮肥过多，干湿交替发病重
病害循环	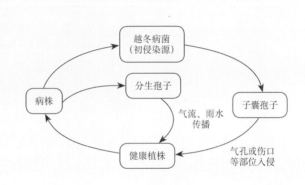

防治适期　当田间病株率达到3%～5%时进行化学防治。

防治措施

1.科学水肥管理　①合理施肥。减少单一施用氮肥，增施磷、钾肥，重施有机肥。②合理灌溉。多雨季节注意排水，降低田间湿度，减少白粉病发病率。

2.合理修剪　修剪病枝、病芽，同时通过合理修剪，利于通风透气，促进植株生长。

3.冬季清园　在冬季清除地面枯枝落叶，并用石硫合剂进行清园，以减少越冬菌源。

4.化学防治　科学选择及合理使用高效、低毒、低残留农药，充分保护和利用天敌，增强自然调控能力。大面积种植区尽量集中喷药，以减少分生孢子传播侵染，可选用苯醚甲环唑、吡唑醚菌酯、戊唑醇等药剂。

温 馨 提 示

　　金银花白粉病防治应在现蕾期前，如花蕾期必须进行化学防治，则以保护花蕾为主，宜在花蕾达2～3毫米时连续用药1～2次，间隔5～7天，最后一次用药须在采摘金银花前10～15天进行。

金银花褐斑病

田间症状　主要为害叶片，发病初期叶片上出现黄褐色小斑，后期数个小斑融合在一起，呈圆形或受叶脉所限呈多角形病斑。潮湿时，叶背生有灰色霜状物。干燥时，病斑中间部分容易破裂。病害严重时，叶片早期枯黄脱落。

金银花褐斑病田间症状

发生特点

病害类型	真菌性病害
病原	鼠李尾孢（*Cercospora rhamni*）
越冬场所	以菌丝体或分生孢子在病叶上越冬
传播途径	通过风雨传播
发病规律	病菌在高温高湿的环境下繁殖迅速，一般7～8月发病较重
病害循环	

病叶
（初侵染源）

病株

分生孢子

风雨传播

健康植株

防治适期 在春季返青时进行非化学防治，当田间病叶达到10%时进行化学防治。

防治措施

1.农业措施　①结合秋冬季修剪，除去病枝、病芽，清扫地面落叶集中深埋，以减少菌源。②发病初期注意摘除病叶，以防病害蔓延。③增施有机肥，控制施用氮肥，多施磷、钾肥，促进树势生长健壮，提高抗病能力。④多雨季节及时排水，降低土壤湿度。⑤适当修剪，改善通风透光，有利于控制病害发生。

2.化学防治　发病时喷药控制，保护性控害可选用多菌灵、甲基硫菌灵、代森锰锌等。治疗性防控可选用咪鲜胺、苯醚甲环唑、氟硅唑·咪鲜胺、嘧菌酯或吡唑醚菌酯等喷雾防治。视病情把握用药次数，每隔7～10天喷1次，连喷2～3次。

金银花炭疽病

　　金银花炭疽病在金银花整个生育期均可发生，以成年园特别是管理粗放，植株长势差，地势低洼的药园发病严重，为害仅次于白粉病。

田间症状 主要为害叶片，也可为害茎、叶柄。多从叶缘开始为害，叶片上初生暗绿色水渍状小点，后逐渐扩大成病斑，中间为黄褐色，稍下陷，边缘明显，呈褐色，后期病斑破裂、穿孔。潮湿时叶片病斑上着生橙红色点状黏稠物，具轮纹或小黑点，干燥时轮纹消失或不明显。

金银花炭疽病叶部症状

发生特点

病害类型	真菌性病害
病原	胶孢炭疽菌（*Colletotrichum gloeosporioides*）
越冬场所	以分生孢子或菌丝体在病部越冬

（续）

传播途径	通过风雨及昆虫传播
发病规律	生长最适温度为21～28℃，在高温多雨的夏初和暴雨后发病严重

防治适期 在春季返青时进行非化学防治，当田间病叶达到10%时进行化学防治。

防治措施

1.清除病叶 清除残株病叶，远离园区集中深埋处理。

2.药剂防治 发病时，喷洒代森锌、苯醚甲环唑、苯甲·醚菌酯、吡唑醚菌酯或苯甲·咪鲜胺。

金银花锈病

田间症状 叶片受害后叶背出现茶褐色或暗褐色小点；有的在叶表面也出现近圆形病斑，中心有1个小疱，严重时可致叶片枯死。

金银花锈病叶部症状

发生特点

病害类型	真菌性病害
病原	单孢锈属真菌（*Uromyces* sp.）
越冬场所	以分生孢子或菌丝体在病部越冬
传播途径	通过气流传播
发病规律	不详

防治适期 在春季返青时进行非化学防治，当田间病叶达到10%时进行化学防治。

防治措施

1.清洁田园 冬剪和收获后，集中处理田间病残枝叶，可消灭越冬菌源。

2.科学灌溉 注意排水，降低田间湿度，可减轻发病。

3.药剂防治 发病时，喷洒戊唑醇、丙环唑、甲基硫菌灵、嘧菌酯或代森锰锌，每隔10天喷1次，连喷2～3次。

蚜虫

蚜虫属半翅目蚜科，是为害金银花的重要害虫，发生普遍，在我国金银花种植区均有发生。为害金银花的蚜虫有中华忍冬圆尾蚜（*Amphicercidus siniloniceraicola*）、胡萝卜微管蚜（*Semiaphis heraclei*）等，其中胡萝卜微管蚜是金银花种植区的优势害虫。

为害特点 以成、若虫刺吸叶片汁液，使叶片卷缩发黄，为害花蕾可造成花蕾畸形。蚜虫为害过程中可分泌蜜露，影响叶片的光合作用，还可传播病毒，使叶变黄、卷曲、皱缩，严重时会造成绝收。

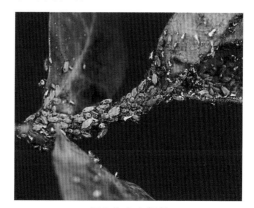

蚜虫为害金银花

形态特征

有翅成蚜：体黄绿色，有薄粉。体长1.5～1.8毫米，宽0.6～0.8毫米。头和胸黑色，腹部淡色。第2～6腹节均有黑色缘斑。触角黑色，腿节端部4/5黑色，中额瘤突起。

无翅成蚜：体黄绿至土黄色，有薄粉，体长2.1毫米，宽1.1毫米。

发生特点

发生代数	1年发生多代
越冬方式	以卵在寄主植物枝条上越冬

（续）

| 发生规律 | 4月初（气温升至10℃左右）开始为害嫩叶，5～6月发生较重。夏天进行无性繁殖，温度升高，繁殖加快，天气干旱发生严重 |

防治适期 金银花发芽前、展叶至现蕾前为蚜虫防治关键期，特别是3月下旬至4月上中旬。当叶片伸展开，开始调查，当有蚜株率达到20%，百株蚜数达到150头时开始用药防治。

防治措施

1.农业防治 清除田间杂草，将枯枝、烂叶集中深埋。

2.生物防治 田间投放捕食螨，捕食螨投放时间为蚜虫繁殖的始盛期，分别在4月、5月、6月各投放1次。

温 馨 提 示

投放捕食螨时，田间湿度不能太大。捕食螨在田期间禁止喷洒任何化学农药。

3.物理防治 针对蚜虫对黄色的正趋向性和银灰色的负趋向性，可在地头设置黄色粘虫板进行诱杀，同时在田间悬挂银灰塑料膜条驱避。

4.药剂防治 金银花展叶后至现蕾前防治，可选用联苯菊酯、啶虫脒、烯啶虫胺、吡虫啉、苦参碱等喷雾防治，注意药剂交替使用，避免产生抗药性。

金银花尺蠖 ·······

金银花尺蠖（*Heterolocha jinyinhuaphaga*）属鳞翅目尺蛾科，是近年来为害金银花的重要食叶害虫。金银花尺蠖属寡食性昆虫，幼虫仅取食忍冬科植物。

为害特点 一般在金银花头茬采收完毕时为害，低龄幼虫在叶背为害，取食下表皮及叶肉组织，残留上表皮，使叶面呈白色透明斑，三龄幼虫开始蚕食叶片，使叶片出现不规则缺刻，五龄幼虫进入暴食期，为害严重时，能将整株金银花叶片和花蕾全部吃光。

形态特征

　　成虫：体细长。雄蛾触角羽状，雌蛾触角线状。前、后翅外缘和后缘均有缘毛。

　　卵：椭圆形，底面略平。

　　幼虫：体灰黑色，头部黑色，前胸黄色，有两排黑斑，背线灰白色，

金银花尺蠖成虫

气门线橘黄色。胸足3对，黑色。腹足两对，黄色，臀板上有不规则形黑斑。

金银花尺蠖幼虫

　　蛹：纺锤形。初化蛹时灰绿色，渐变为棕褐色，最后变为黑褐色，尾端臀棘8根。

发生特点

发生代数	1年发生3～4代
越冬方式	以幼虫和蛹在杂草内越冬
发生规律	4月上旬，日平均气温达10℃以上时，越冬代蛹开始羽化成虫。各代卵期的长短因气温高低而异，一般8～15天。第一代幼虫盛发期在5月上中旬，第二代幼虫盛发期在7月上中旬，第三代幼虫盛发期在9月下旬至10月上旬。潮湿、郁闭的环境有利于发生
生活习性	卵产于叶背或枝条上；幼虫受惊有吐丝下垂的假死现象，且有转移为害的习性；老龄幼虫在表土以及花墩基部枯叶中化蛹；成虫有弱趋光性

防治适期 卵期、幼虫期。

防治措施

1.农业防治 ①合理修剪，清除枯枝，改善通风透光条件，降低花墩内膛的郁闭度。②结合春剪，整穴清墩，消灭越冬蛹，压低虫口基数。③在幼虫发生期，利用幼虫的假死习性进行人工捕杀，降低虫口密度。

2.生物防治 保护和利用天敌，如赤眼蜂、绒螨、益蟎等。可分别于4月中下旬、6月中下旬、9月中下旬释放赤眼蜂；5月上中旬、7月上中旬、9月下旬、10月上旬用苏云金杆菌喷施防治。

3.药剂防治 发生时，可选用15%茚虫威悬浮剂20毫升/亩、0.5%甲氨基阿维菌素苯甲酸盐微乳剂100毫升/亩、5%甲氨基阿维菌素苯甲酸盐乳油8～12毫升/亩等药剂喷雾防治。

第二节 菊 花

菊花（*Chrysanthemum morifolium*），又称秋菊、寿客、陶菊等，是菊科菊属的多年生宿根草本植物。用于中药材称为白菊花、黄菊花。以花入药，具有疏风散热、清肝明目作用。菊花主要分布在河北、湖北、安徽、四川、浙江、河南、新疆等省份，主要病虫害有灰霉病、枯萎病、炭疽病、根腐病、霜霉病、白粉病、白锈病、瘿蚊、蚜虫、菊天牛、斜纹夜蛾、甜菜夜蛾等。

菊花灰霉病

田间症状 苗期、成株期均可发病，主要为害叶、茎、花序和果实。苗期染病，子叶先端变黄后扩展至幼茎，产生褐色至暗褐色病变，病部缢缩，折断或弯曲，湿度大时病部产生浓密的灰色霉层。真叶染病，产生水渍状白色不规则形病斑，后呈灰褐色水渍状腐烂。幼茎染病亦呈水渍状溢缩，变褐、变细，造成幼苗折倒，高湿时有灰色霉层。成株叶片染病多自叶尖向内呈V形扩展，初呈水渍状，后变黄褐色至褐色，具深浅相间

菊花灰霉病花朵症状

的不规则形轮纹。花瓣染病后不脱落，残留在茎上，并着生大量分生孢子。

发生特点

病害类型	真菌性病害
病原	菊花灰霉病属真菌（*Botrytiscinerea*. sp）
越冬场所	在北方病菌以菌丝在病残体上越冬，而在南方病菌无明显越冬现象
传播途径	通过气流和雨水溅射传播
发病规律	该病属低温病害，分生孢子耐低温能力强，在低温高湿条件下易流行，温暖高湿条件下，病情扩展也较快

防控措施

1.农业防治　①合理密植，注意通风透光。②科学肥水管理，不偏施氮肥，增施磷、钾肥，适时浇水，严禁大水漫灌，雨后及时排水，提高植株抗病力。③收获后清除田间病残体，减少来年菌源，发现病叶、病株及时清除，集中深埋以防病害传播。

2.药剂防治　使用啶酰菌胺、腐霉利、乙烯菌核利、嘧菌环胺、嘧霉胺、异菌脲、百菌清、咪鲜胺等药剂。

菊花枯萎病

田间症状　发病初期菊花生长缓慢，下部叶片发黄，失去光泽，凹凸不平，病害逐渐向植株上部扩展，导致全株叶片萎蔫下垂，变褐、枯死。病

株茎基部微肿变褐，表皮粗糙，间有裂缝，潮湿时缝中可见白色霉状物。根部感病后，逐渐变黑腐烂，病茎纵切或纵剖，可见维管束变褐色至黑褐色。

菊花枯萎病田间症状

发生特点

病害类型	真菌性病害
病原	尖孢镰刀菌(*Fusarium oxysporum*)
越冬场所	以菌丝体或厚垣孢子在病残体、病土中越冬
传播途径	通过灌溉水、病土传播
发病规律	一般在温度升高至25～30℃时，易发病

防治措施

1.农业防治　①选用抗病性强的菊花品种。②轮作换茬。③选排水良好的田块种植菊花，做高畦、开深沟，降低田间湿度。

2.药剂防治　重病植株应立即拔除，远离健康植株深埋，对病穴土或轻病株根部周围土壤使用药剂淋灌，同时用药液喷洒植株，减少病菌在土壤中的积累。药剂可选用嘧菌酯、苯醚甲环唑等药剂。

菊花炭疽病

田间症状　叶部病斑呈圆形，茎部病斑呈椭圆形，黄褐色至暗褐色，中央色淡，潮湿时上生许多小黑点。发生严重时，病斑连片，茎叶迅速枯死。

菊花炭疽病田间症状

发生特点

病害类型	真菌性病害
病原	炭疽菌属真菌（*Colletotrichum* spp.）等
越冬场所	以菌丝体或拟菌核在土壤中的病残体或种子上越冬
传播途径	通过昆虫、风雨传播
发病规律	高温、药害、施肥不当及根系发育不良均易诱发此病

防治措施

1.农业防治　①选用抗病的菊花品种。②注意通风透光，雨后及时排水，减少湿气滞留。③科学施肥。

2.药剂防治　发病时，可选用可使用嘧菌酯、苯醚甲环唑或戊唑醇进行喷雾，每隔7天喷1次，连喷2次。

菊花根腐病 ···

田间症状 感病初期，根皮产生黑斑，不规则形或成环形扩展，大部分根感染时，根皮呈褐色状腐烂，接近腐烂的木质部呈黄褐色。主根、侧根均能被感染。地上叶脉间失绿，长势衰弱，严重时导致萎蔫枯死。

菊花根腐病田间症状

发生特点

病害类型	真菌性病害
病原	茄病镰刀菌（*Fusarium solani*）
越冬场所	以菌丝和厚垣孢子在土壤、病残体、种子及未腐熟的带菌粪肥中越冬
传播途径	通过雨水或灌溉水传播蔓延
发病规律	5～10月均可发病，6～8月为发病盛期，9月以后逐渐减轻。雨量多、土壤湿度大，特别是雨后田间积水，利于病菌繁殖和传播。低洼潮湿、肥力较差、植株较弱的地块，发病较重。常年连作易发病

防治措施

1.科学选地　应选择土层肥厚松软、土壤弱酸性、无树木遮挡的地块，切忌在常年连作、低洼潮湿地段栽种。

2.合理轮作　可以进行夏枯草—菊花、水稻—菊花、小麦—菊花轮作，也可与当地常见作物进行轮作，如河南焦作地区进行怀药—怀菊轮作。

3.健身栽培　①起高垄并及时排水，防止土壤湿度过大。②种植密度适宜，保证通风透光。③及时清除病叶、病残体，进行集中深埋，减少越冬菌源。④科学施肥，增施有机肥和磷、钾肥，种植前用有机肥作为基肥。

4.化学防治　发病时，可选用丙环唑、苯醚甲环唑或乙蒜素等药剂，每株灌药剂0.4～0.5升，视病情每隔7天用药1次，连续施用3～4次，交替使用药剂以防止产生抗药性。

菊花霜霉病 ···

田间症状　主要为害叶和嫩茎，春秋均可发生。春季为害菊苗，轻者成为弱苗，重者枯死，造成缺苗。秋季发病多在现蕾期，致使叶片、花梗、花蕾枯死而绝产。叶片发病，产生不规则形褪绿斑，叶缘微向上卷，叶背布满白色菌丝，病叶自下而上逐渐变褐干枯，严重时可导致菊苗枯死，枯死叶片垂挂于茎上。

菊花霜霉病叶部症状

发生特点

病害类型	真菌性病害
病原	丹麦霜霉菌（*Peronospora danica*）
越冬场所	以菌丝体在留种母株上越冬

（续）

传播途径	通过风雨传播
发病规律	一年流行两次，春季和秋季。低温高湿环境利于病害的发生。春、秋季节多雨或虽无雨但昼夜温差大、雾露重也易引发该病害。连作、种植过密和生长衰弱时发病严重

防治适期 在春季返青时进行非化学防治，当田间霜霉病叶达到10%时进行化学防治。

防治措施

1.农业防治 ①选用抗病品种。②实行轮作。③清洁田园，及时摘除感病叶片、病花和病株。④合理密植，注意通风降湿。

2.药剂防治 可选用多菌灵、甲霜灵等药剂喷雾，注意交替用药。

菊花白粉病 ·······························

田间症状 发病初期被害部位表面长出白色霉层，并伴有不规则形病斑出现，后期产生黑色小颗粒。严重时霉层覆盖整个叶片，叶片卷曲皱缩，茎变褐死亡，花明显变小或不能正常开放，影响菊花产量和品质。

发生特点

病害类型	真菌性病害
病原	菊粉孢（*Oidium chrysanthemi*）
越冬场所	在北方露地栽培，以闭囊壳随病残体留在土表越冬；在南方露地、设施栽培或北方设施栽培，以菌丝体在寄主上越冬
传播途径	通过气流传播
发病规律	发病适宜温度为15～30℃，相对湿度80%～95%。虽然在低湿的情况下也能发生，但高湿时发病更快。田间湿度大，白粉病流行的速度加快，尤其当高温干旱与高温高湿交替出现，又有大量白粉菌源时极易流行

防治措施

1.农业防治 ①田间不宜栽植过密，注意通风透光。②科学肥水管理，增施磷、钾肥，适时灌溉，提高植株抗病力。③冬季清除落叶及病残体，带出园外集中深埋。

　　2.药剂防治　发病时，喷洒多菌灵进行防治，隔12～15天喷1次，连喷2～3次。病情严重的可选用嘧菌酯、肟菌·戊唑醇等药剂进行防治。

菊花白锈病 ·······························

田间症状　主要为害叶片。在感病初期，叶片正面出现淡黄色斑点，相应背面产生小的变色斑，然后隆起呈疱疹状，由白色变为淡褐色至黄褐色，随后疱疹病斑破裂，散发出褐色粉状物。发病严重的植株生长衰弱，不能正常开花且大量落花，病斑布满整个叶片，并使叶片卷曲。

菊花白锈病叶部症状

发生特点

病害类型	真菌性病害
病原	菊柄锈（*Puccinia chrysanthemi*）、蒿层锈菌（*Phakopsora artemisiae*）以及堀柄锈菌（*Puccinia horiana*）
越冬场所	病菌一般在植株的新芽中越冬
传播途径	通过种苗、气流传播

（续）

发病规律	低温高湿条件下发展迅速，侵染适宜温度为16～27℃，相对湿度大于70%，露地栽培的菊花在7～9月多雨天气发病重，光照弱、连阴雨、湿度大、通风不良、昼夜温差大发病严重

防治措施

1. 农业防治　①选用无病植株作繁殖材料。②种植不宜过密，保持植株有良好的通风透光条件。

2. 药剂防治　发病时，可喷洒三唑酮、吡唑醚菌酯或肟菌·戊唑醇等药剂，隔15～20天再喷1次。

菊花瘿蚊 ·····························

菊花瘿蚊（*Epiymgia* sp.）属双翅目瘿蚊科，主要分布在河北、河南、北京、安徽等省份。

为害特点　幼虫在叶腋、顶端生长点及嫩叶上为害，形成绿色或紫绿色、上尖下圆的桃形虫瘿，为害重的菊株上虫瘿较多，植株生长缓慢，矮化畸形，影响坐花及开花。

菊花被害状

形态特征

雄成虫：体长3～4毫米。腹部细长，节间膜及侧板黄色，背板黑色，复眼黑色。触角念珠状，有毛。前胸背突起，前翅膜透明，有微毛，后翅为平衡棍，多为黄色。足黑灰色，细长，跗节5节，第一跗节短于第二跗节。

雌成虫：体长4～5毫米，羽化初期体腹为酱红色，产卵后渐变为黑褐色，第1～6腹节粗胖，后三节细长。雌虫腹部有产卵器，其他特征与雄成虫相似。

卵：长卵圆形，长0.5毫米，初为无色透明，后变为橘红色，最后变为紫红色。

幼虫：末龄幼虫体长3～4毫米，体橙黄色，纺锤形，头退化不显著，口针可收缩，端部有一弯曲钩，胸部有时有不太显著的剑骨片。

蛹：长3～4毫米，橙黄色，其外侧各具短毛1根。

发生特点

发生代数	在华北地区1年发生5代
越冬方式	以老熟幼虫越冬
发生规律	翌年3月化蛹，4月初成虫羽化，在菊花幼苗上产卵，第1代幼虫于4月上中旬出现，不久出现虫瘿，5月上旬虫瘿随幼苗进入田间，5月中下旬第1代成虫羽化，第2代5月中下旬至6月中下旬发生，第3代6月下旬至8月上旬发生，第4代8月上旬至9月下旬发生，第5代9月下旬至10月下旬发生，10月下旬后幼虫老熟，从虫瘿里脱出，入土下1～2厘米处做茧越冬
生活习性	成虫不取食，寿命短；雄蚊具有趋光性；卵散产或聚产在菊株的叶腋处和生长点

防治措施

1.农业防治　①清除田间菊科杂草，减少虫源。②菊花瘿蚊的飞行能力不强，主要靠带虫苗木或土壤传播，栽种无虫苗木是控制菊花瘿蚊的关键措施。避免从菊花瘿蚊发生严重地区引种。③菊花瘿蚊的卵及虫瘿主要分布在枝条的顶端，可打顶并带出田间销毁，打顶一般在5～7月进行。

2.保护天敌　当田间天敌数量大时，不要盲目使用化学药剂，充分保护天敌，发挥天敌的自然控制力。

3.药剂防治　成虫发生期可用辛硫磷等药剂喷雾，以杀死产卵成虫。

蚜虫·······

为害菊花的蚜虫主要有菊姬长管蚜（*Macrosiphoniella sanborni*）、桃蚜（*Myzus persicae*）、棉蚜（*Aphis gossypii*）。

为害特点　春天菊花抽芽发叶时，成蚜、若蚜群集为害新芽、新叶，致新叶难以展开，茎的伸长和发育受到影响，还可使植株矮化、卷叶甚至死亡。秋季开花时蚜虫群集在花梗、花蕾上为害，使开花不正常。叶片受蚜虫排泄物影响，易产生煤污病。

蚜虫群集为害菊花

形态特征 菊花蚜虫分有翅蚜和无翅蚜，长1.2～2.5毫米，不同形态和不同种类的蚜虫在大小、颜色、形态上都有差异。

发生特点

发生代数	1年发生10～20代
越冬方式	菊姬长管蚜以无翅胎生雌蚜在留种株或菊茬上越冬，棉蚜和桃蚜以卵在寄主植物上越冬
发生规律	每年4～5月、9～10月为繁殖高峰期，11月中旬开始越冬

防治适期 当有蚜株率达到30%以上，卷叶株率达到5%～10%时，及时进行防治。

防治措施

1.农业防治 ①及时清除苗圃中的杂草，消灭越冬虫卵。②种植抗蚜菊花品种，以及驱虫类植物如香樟、大蒜等。

2.生物防治 ①保护利用自然天敌。天敌有七星瓢虫、草蛉、食蚜蝇、蚜茧蜂等。②利用生物制剂防治蚜虫。叶面喷施0.3%苦参碱水剂80～120毫升/亩或80亿孢子/毫升金龟子绿僵菌可分散油悬浮剂60～90毫升/亩。

3.化学防治 可选用吡蚜酮、噻虫嗪或啶虫脒等药剂喷雾。

菊天牛

菊天牛（*Phytoecia rufiventris*），又名菊虎、菊小筒天牛，属鞘翅目天牛科。

为害特点 幼虫钻蛀取食，造成受害枝不能开花或整株枯死。成虫喜在近枝梢的嫩茎部产卵，造成上部茎梢失水下垂或折断枯死。

形态特征

成虫：圆筒形，头、胸和鞘翅黑色且密布刻点，体长6～12毫米。前胸背板中央具一橙红色卵圆形斑，鞘翅上披有灰色绒毛。腹部及足大部分呈橘红色或橘黄色，其余为黑色。触角线状，12节，与体近等长，且雄虫长于雌虫。

卵：长椭圆形，长1.5～3毫米，宽0.5毫米，淡黄色，表面光滑。

幼虫：初孵幼虫圆筒形，乳白色，体长2毫米。头部小，黑色。末龄幼虫体长9～12毫米，圆柱形，乳白色至淡黄色。前胸背板近方形，前半部有一淡褐色斑，中央具一白色纵纹。后半部1/3处具颗粒状蝙蝠形斑。胸足退化，腹部末端圆形，具较密的黄色刚毛，肛门3裂。

蛹：长7～10毫米，浅黄色至黄褐色。第2～7腹节背面具黄褐色刺列。

菊天牛为害状

菊天牛成虫

发生特点

发生代数	1年发生1代
越冬方式	在多数地区以成虫潜伏于菊花根部越冬
发生规律	在北京4月下旬至5月成虫出现，浙江5～7月成虫出现。产卵盛期在5月上中旬，5～9月幼虫发生为害，8～9月末龄幼虫在根部化蛹
生活习性	成虫日间活动，上午尤盛，清晨交配，卵单产；幼虫孵化后自上而下钻蛀为害，直至茎基部方见蛀洞和虫粪，可转移他茎为害

防治适期 成虫盛发期、卵孵化期。

防治措施

1.农业防治　①避免长期连作。②成片种植的菊花要及时清除田内、田埂上的菊科杂草，清除留种的有虫老根，减少菊天牛的寄主植物，切断越冬场所。③成虫产卵期在被害枝产卵孔下3～5厘米处剪断集中销毁，平时注意剪除有虫枝条。

2.物理防治　田间安装太阳能杀虫灯，在成虫盛发期可有效杀灭菊天牛。

3.药剂防治　可选用氯虫苯甲酰胺等药剂喷雾。

斜纹夜蛾 ·····

斜纹夜蛾（*Spodoptera litura*）属鳞翅目夜蛾科，在菊花生长后期发生普遍。

为害特点 以幼虫为害菊花叶片、花蕾、花瓣。初孵幼虫在叶背为害，取食叶肉，仅留下表皮，幼虫三龄后可造成叶片缺刻、残缺，甚至全部吃光，容易暴发成灾。

形态特征 参照第一章第八节"斜

斜纹夜蛾为害状

纹夜蛾"相关内容。

发生特点 参照第一章第八节"斜纹夜蛾"相关内容。

防治适期 卵孵高峰期至幼虫三龄前是防治最佳时期，防治指标为百株卵块2块或百株幼虫20头。

防治措施

1.清洁田园 采收后要及时清除残茬，田间发现斜纹夜蛾卵块，可直接摘除集中销毁。

2.理化诱控 采用太阳能杀虫灯、性诱捕器或糖醋液诱杀成虫。

3.保护和利用天敌 如黑卵蜂、赤眼蜂、腹茧蜂、叉角厉蝽、星豹蛛、斑腹刺益蝽等天敌。

4.药剂防治 药剂可选用斜纹夜蛾核型多角体病毒、甲氨基阿维菌素苯甲酸盐、茚虫威、氯虫苯甲酰胺等药剂喷雾防治，在斜纹夜蛾幼虫高发期，傍晚前后施药。

甜菜夜蛾

甜菜夜蛾（*Spodoptera exigua*）属鳞翅目夜蛾科，可为害菊花叶片。在菊花生长中后期发生普遍，为害严重。

为害特点 甜菜夜蛾以幼虫取食叶肉为害，造成叶片缺刻、残缺不堪，甚至全部吃光。幼虫三龄前群集为害，但食量小；四龄后，食量大增。

形态特征 参照第一章第十五节"甜菜夜蛾"相关内容。

甜菜夜蛾幼虫取食菊花叶片

发生特点

发生代数	1年发生4～11代

（续）

越冬方式	以蛹在土壤中越冬
发生规律	甜菜夜蛾是间歇性大发生的害虫，不同年份发生量差异很大；一年之中，以7～8月为害较重
生活习性	成虫夜间活动，有趋光性，卵多产于叶背，苗株下部叶片上的卵块多于上部叶片；幼虫昼伏夜出，有假死性，虫口数量过大时，幼虫可互相残杀

防治适期 以清除早期虫源为主。

防治措施

1. 农业防治 ①秋耕或冬耕，可消灭部分越冬蛹。②春季清除杂草，消灭杂草上的初孵幼虫。③人工采卵和捕捉高龄幼虫。

2. 物理防治 采用太阳能杀虫灯诱杀成虫。

3. 药剂防治 在甜菜夜蛾幼虫孵化盛期，选用茚虫威、灭幼脲、多杀霉素、氟啶脲或虫螨腈等药剂于晴天清晨或傍晚施药，重发生时，隔5～7天再用药1次。

第五章

叶、皮类

第一节 枇 杷

枇杷（*Eriobotrya japonica*）是中国南方特产的常绿果树，也是重要的中药材原料，其叶、花、果、根及树白皮等均可入药。枇杷叶具清肺和胃、降气化痰的功用；花可治头风、鼻流清涕；果实具止渴下气、利肺气、止吐逆、润五脏的功效；根能治虚劳久嗽、关节疼痛；树白皮可止吐逆、不下食。主要病虫害有灰斑病、圆斑病、角斑病、舟形毛虫、枇杷瘤蛾等。

枇杷灰斑病

田间症状 主要为害叶片，也可为害果实。叶部病斑初期呈黄色褪绿小点，逐渐扩大成淡褐色圆形病斑，后渐变为灰白色或灰黄色。病斑边缘明显，有较窄的黑褐色环带，中央呈灰白色至灰黄色，其上散生粗而稀疏的小黑点（分生孢子盘）。后期病斑继续扩大，病斑常融合成不规则形大斑块。

枇杷灰斑病果实症状

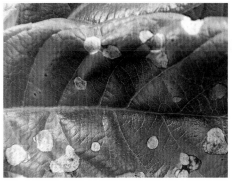
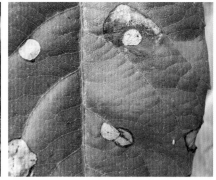

枇杷灰斑病叶部初期症状

枇杷灰斑病叶部后期症状

发生特点

病害类型	真菌性病害
	枇杷叶拟盘多毛孢（*Pestalotiopsis eriobotryfolia*）
病原	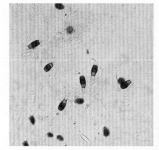

枇杷叶拟盘多毛孢分生孢子与分生孢子盘

(续)

越冬场所	以分生孢子器、分子孢子盘、分生孢子或菌丝体在病叶或病果等残体上越冬
传播途径	通过气流或雨水传播
发病规律	在春、夏季，枝梢都会染病，以春梢受害最重。春季雨水多、田间湿度大、土壤肥力差的果园发病重；土壤瘠薄、树势衰弱、树龄长的果园易发病；多雨及温暖季节，土壤排水不良，容易发病。无论叶片或果实，日光灼伤的部位或因风害发生擦伤的部位都易感染此病
病害循环	

防治措施

1. 农业防治　①加强果园管理，增施有机肥，促使树势健壮，提高抗病力。②及时清除落叶，剪除病枝、病叶等，集中深埋处理。

2. 化学防治　①在新生叶长出后，可喷施80%代森锰锌可湿性粉剂600倍液、70%丙森锌可湿性粉剂600倍液或78%波尔·锰锌可湿性粉剂600倍液。②发病时，可喷施75%肟菌·戊唑醇水分散粒剂3 000倍液、24%腈苯唑悬浮剂3 000倍液或43%戊唑醇悬浮剂2 500倍液。

枇杷圆斑病

田间症状　主要为害叶片，病斑初期为赤褐色小点，后逐渐扩大，近圆形，中央灰黄色，外缘赤褐色，后期中央灰色，多个病斑愈合后呈不规则形，后期病斑上生有较细密的小黑点，有时排列呈轮纹状。

枇杷圆斑病叶部症状

发生特点

病害类型	真菌性病害
病原	枇杷叶点霉菌（*Phyllosticta eriobatryae*）
越冬场所	参照枇杷灰斑病
传播途径	参照枇杷灰斑病
发病原因	参照枇杷灰斑病

防治适期 参照枇杷灰斑病。

防治措施 参照枇杷灰斑病。

枇杷角斑病

田间症状 主要为害叶片，发病初期产生褐色斑点，之后病斑沿叶脉扩大，呈不规则形，赤褐色，边缘红褐色，病健部常有黄色晕环，后期病斑中央稍褪色，长出黑色霉状小粒点，病斑直径4～10毫米，叶两面着生灰色霉状颗粒。

枇杷角斑病叶部症状

发生特点

病害类型	真菌性病害
病原	枇杷尾孢菌（*Cercospora eriobortryae*）
越冬场所	参照枇杷灰斑病
传播途径	参照枇杷灰斑病
发病原因	参照枇杷灰斑病

防治适期 参照枇杷灰斑病。

防治措施 参照枇杷灰斑病。

温馨提示

　　枇杷叶斑病主要包括枇杷灰斑病、枇杷圆斑病、枇杷角斑病、胡麻叶斑病，都属于真菌性病害。发病时，造成早期落叶，使植株生长衰弱，影响新梢抽发，甚至导致枝干枯死，其中枇杷灰斑病还为害果实，常引起果实腐烂，对枇杷产量和品质影响较大。

舟形毛虫

舟形毛虫（*Phalera flavescens*），又名苹果舟蛾、枇杷天社蛾、枇杷舟蛾等，属鳞翅目舟蛾科。国内除新疆、西藏、青海、甘肃、宁夏尚无报道外，其余各省（区、市）都有分布，寄主广泛，包括多数核果、仁果类果树，以及月季、红叶李、青栎、檫树等林木。

为害特点　幼虫取食叶片，受害叶残缺不全或仅剩叶脉，严重时可将全树叶片吃光。幼虫四龄前常群集为害，幼虫停息时头、尾翘起，形似小船。

形态特征

成虫：体长25毫米左右，翅展约50毫米。体黄白色。前翅具不明显波浪纹，外缘有黑色圆斑6个，近基部中央有银灰色和褐色各半的斑纹。后翅淡黄色，外缘杂有黑褐色斑。

卵：圆球形，直径约1毫米，初产时淡绿色近孵化时变灰色或黄白色。卵粒排列整齐而成块。

幼虫：老熟幼虫体长50毫米左右。头黄色，有光泽，胸部背面紫黑色，腹面紫红色，体上有黄白色。静止时头、胸和尾部上举，形如舟。

蛹：长20～23毫米，暗红褐色。蛹体密布刻点，臀棘4～6个，中间2个大，侧面2个不明显或消失。

舟形毛虫幼虫

舟形毛虫卵块

发生特点

发生代数	1年发生1~2代
越冬方式	以蛹在树干附近土中越冬
发生规律	在浙江，6月中下旬开始羽化，7月中下旬为羽化盛期，9月下旬至10月上旬老熟幼虫沿树干下行或吐丝下垂入土化蛹越冬。在湖北，幼虫集中为害期在8月上旬至9月上中旬
生活习性	成虫晚上活动，趋光性强，羽化后数小时到数天交配产卵，卵多产在树冠中下部叶片的背面，数十粒或数百粒密集成块，初孵幼虫多在叶背群集整齐排列，头向外自叶缘向内啃食，低龄幼虫受惊时成群吐丝下垂。幼虫白天静伏，开始将叶片食成纱网状，四龄后食量剧增，将整株叶片吃光后再转株为害

防治适期　初孵幼虫高峰期和幼虫老熟入土期。

防治措施

1. 诱杀成虫　利用成虫的趋光性，安装太阳能杀虫灯诱杀成虫。

2. 人工捕杀　①秋翻地或春刨树盘，使越冬蛹暴露于地表，消灭越冬蛹。②利用初孵幼虫群集为害的特性，摘除虫叶，及早人工捕杀。

3. 药剂防治　①根据田间成虫发生动态，抓住初孵幼虫高峰期合理用药，可选用0.5%甲氨基阿维菌素苯甲酸盐微乳剂1 000~2 000倍液、2.5%联苯菊酯乳油800~1 200倍液、0.3%苦参碱水剂400~800倍液、10%吡虫啉可湿性粉剂3 000倍液或8 000国际单位/毫克苏云金杆菌悬浮剂400~800倍液等药剂，间隔7~10天喷1次，防治1~2次。②幼虫老熟入土期，在树冠下地面撒白僵菌，并耙松土层以消灭土壤内的幼虫或蛹。

枇杷瘤蛾

枇杷瘤蛾（*Melanographia flexilineata*）又名枇杷黄毛虫，属鳞翅目瘤蛾科，是枇杷主要害虫之一。在我国主要分布于南方地区，食性杂，除枇杷外，还可为害梨、李、石榴、芒果、合欢和紫薇等植物。

为害特点　主要以幼虫取食为害，幼虫啃食枇杷嫩芽、叶片、嫩茎表皮和果实。严重时，叶片全部啃食光，仅留叶脉，还可导致果小、青果多、成熟迟，被害果成腐果或僵果。

枇杷瘤蛾为害状

形态特征

成虫：体长8～10毫米，翅展21～26毫米，灰白色，有银光，前翅灰色，有3条黑色波浪斑纹，翅缘上有7个黑色锯齿形斑。

卵：扁圆形，直径0.6毫米，淡黄色。

幼虫：共5～6龄。体黄色，老熟幼虫体长约22毫米，第三腹节背面具2个对称黑色毛瘤，有4对腹足。

蛹：近椭圆形，长10～12毫米，黄色至淡褐色。

枇杷瘤蛾成虫

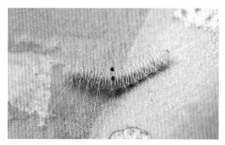

枇杷瘤蛾幼虫

枇杷瘤蛾蛹

枇杷瘤蛾茧

发生特点

发生代数	不同区域发生代数有差异，在浙江1年发生4代，福建1年发生5代
越冬方式	以蛹在树皮裂缝、分枝处或附近的灌木上越冬
发生规律	在浙江第一代幼虫发生于5月上中旬，第二代幼虫发生在6月下旬，第三代幼虫发生7月下旬至8月上旬，第四代幼虫发生在9月上中旬，之后幼虫逐渐开始越冬；在福建第一代幼虫5月上旬开始发生，虫口数量较多；第五代为害至10月下旬，然后开始越冬，翌年4月开始羽化为成虫
生活习性	成虫多在傍晚羽化、交尾，活动性较弱。卵散产于嫩叶背面。一龄幼虫取食新梢嫩叶，被害叶呈褐色斑点；二龄后幼虫仅取食叶肉，被害叶只剩下表皮、叶脉和堆积的茸毛；五龄后幼虫食量大增，造成叶片缺刻

防治适期 卵孵化盛期至低龄幼虫期。

防治措施

1. 农业防治　结合冬季清园工作，摘除虫茧，降低虫口基数。

2. 物理防治　使用频振式杀虫灯诱杀成虫。

3. 生物防治　①保护和利用舞毒蛾黑瘤姬蜂等寄生性天敌。②可选用100亿孢子/毫升短稳杆菌悬浮剂600～800倍液、16 000国际单位/毫克苏云金杆菌可湿性粉剂600倍液等生物农药。

4. 化学防治　可选用10%阿维·氟酰胺悬浮剂1 500倍液、1%甲氨基阿维菌素苯甲酸盐乳油1 000倍液等药剂进行喷雾防治。

第二节　肉　桂

肉桂（*Cinnamomum cassia*）别名玉桂、菌桂、黄瑶桂、简桂、桂皮等，属樟科樟属，热带、亚热带常绿乔木，多为栽培，野生极少。肉桂的树皮、枝、叶、花、幼果、根等均为传统的珍贵中药材，桂皮、桂油除了药用外，还被广泛用作日用品香料及食品调味香料。我国是肉桂的原产地，也是最大生产国和出口国，国内主要分布于广西、广东、云南、海南、福建等省份。主要病虫害有藻斑病、粉实病、炭疽病、肉桂泡盾盲蝽、肉桂突细蛾、肉桂双瓣卷蛾、肉桂木蛾等。

肉桂藻斑病

田间症状　主要为害叶片。感病后叶片正反面出现针尖般大小、中心褐色四周淡黄的圆形斑点，随后逐渐形成直径1～10毫米大小不等的圆形、椭圆形病斑。病斑正面粗糙、稍隆起，颜色为灰褐色或深褐色，背面着生灰色毛毡状物。

肉桂藻斑病田间症状

发生特点

病害类型	真菌性病害
病原	寄生性红锈藻（*Cephaleuros virescens*）
越冬场所	以营养体在寄主组织中越冬
传播途径	通过雨水或气流传播
发病规律	每年10月寄生性红锈藻开始越冬，翌年2月底至3月初产生游动孢子，3月上旬是病害传播盛期，传播侵染可持续到当年10月，10月后病情停止发展。温暖高湿的气候条件和频繁降雨、雨量充沛的季节有利于病害发生

防治适期　3月上中旬。

防治措施

　　1.健身栽培　加强栽培管理，增加林间通风透光，提高肉桂的抵抗力。

　　2.药剂防治　防治适期可喷施波尔多液、石硫合剂等。

肉桂粉实病

田间症状 主要为害果实。果实受侵染后，初生黄色小点，逐渐扩大和突起，先成痂状，最终全果肿大变形，呈瘤状，直径1.0～1.8厘米。病果成熟表皮开裂时，露出白色至浅褐色分生孢子层。全果干缩后，呈黑褐色，多挂于树枝不脱落。

肉桂粉实病果实症状

发生特点

病害类型	真菌性病害
病原	花生油盘孢菌（*Elaeodema floricola*）等
越冬场所	以分生孢子在病果上越冬
传播途径	通过风雨传播
发病规律	每年8月中下旬开始发病，10～11月为病害发生高峰期。病菌在肉桂果实上一年只繁殖1次，翌年1月产生分生孢子，该病只在已经结实的成年株上发生，低洼阴湿、通风透光不良的条件下有利于病害发生

防治适期 7～8月（肉桂幼果形成期）。

防治措施

1.农业防治 ①避免在低洼地种植肉桂，及时劈杂，改善林分环境，增强林间通风透光，有助于减轻病害发生。②在无需育苗的情况下，提前1～2个月采果，减少侵染源。③及时摘除病果和收集落地果，带出林外深埋，清除病源。

2.药剂防治 可喷施甲基硫菌灵、溴菌腈或丙森锌等药剂，每隔7～10天喷1次，连喷2～3次。

肉桂炭疽病 ··

　　肉桂炭疽病是肉桂林常见病害，从幼苗到成株均可感病，幼苗、幼树发病严重时可致全株枯死，对肉桂幼林生长造成很大影响。

田间症状　主要为害叶片，多从叶尖、叶缘侵入，发病初期出现黄褐色小点，逐渐扩大为半圆形或不规则形病斑，后期汇合成灰褐色大病斑，病健交界处有一条红褐色波浪状纹带，潮湿天气病部上长出粉红色黏液。冬末春初时，往往可见密生黑色小粒点。重病叶易脱落。

肉桂炭疽病田间症状

发生特点

病害类型	真菌性病害
病原	胶孢炭疽菌（*Colletotrichum gloeosporioides*）
越冬场所	病菌在病叶、病枝、病果等染病组织内及土壤中越冬
传播途径	通过风雨传播
发病规律	高温高湿有利于该病的发生与流行，每年3～11月均可发生，连续阴雨、阳光不足、管理不善易发病

防治措施

　　1.**健身栽培**　①保持林间通风透光。②增施磷、钾肥，促使植株生长健壮，提高抗病能力。③及时清除林中病叶及落地的花、枝、果实。④提倡林内间种植低秆绿肥或豆类作物。

　　2.**药剂防治**　发病时，用甲基硫菌灵、多菌灵或代森锌喷雾防治，每隔7～10天喷1次，连喷2～3次。

肉桂泡盾盲蝽

肉桂泡盾盲蝽（*Pseudodoniella chinensis*）属半翅目盲蝽科，在我国广西、广东等肉桂产区均有不同程度发生。

为害特点 主要以成虫、若虫为害肉桂一年生枝条和嫩梢，为害后形成瘤状愈伤组织。同时肉桂泡盾盲蝽是枝枯病的主要传播媒介，会引发严重的枝枯病。受害严重的肉桂林整片枯死，形同火烧，损失严重。

泡盾盲蝽造成枝条被害

形态特征

成虫：体长7～9毫米，体宽3～4毫米，椭圆形，黑褐色，有光泽。小盾片发达，膨大成圆球形的泡状，其上有若干不规则黑色光滑的小瘤突。

卵：长1.6～1.9毫米，乳白色，茄子状，前端略小，后端大，卵盖有黑白相间花纹，两侧有丝状的一长一短或"人"字形呼吸突。

若虫：共5龄。初孵若虫橙红色，体瘦长。若虫每次蜕皮初期呈棕红色。末龄若虫深栗色，椭圆形。触角4节，各节具稀疏的棕色毛。翅芽伸至第3腹节。腹节背面具18～22个栗褐色小瘤突，排成4纵列。

肉桂泡盾盲蝽成虫

肉桂泡盾盲蝽若虫

发生代数	1年发生4～5代
越冬方式	以卵在当年生枝条等组织内越冬
发生规律	卵在2月下旬至3月上旬孵化。每年6～10月是肉桂泡盾盲蝽发生高峰期（尤以8～9月密度最大），同时也是肉桂夏、秋梢抽发期。11月后气温降低，虫口密度逐渐减少
生活习性	成虫取食量大，有转株为害、群集为害的习性

防治适期 对4年生以上肉桂林，选择在肉桂新梢抽出3～5厘米时（肉桂泡盾盲蝽种群数量始盛期）喷药防治。

防治措施

1.健身栽培 ①增施磷、钾肥，使肉桂健壮生长，增强抵抗害虫的能力。②合理修剪，增加透光度，破坏肉桂泡盾盲蝽的适生环境。③剪除病枝枯枝，减少虫口密度。④人工砍除肉桂林附近零星的盐肤木、绒毛润楠、山苍子等野生寄主植物，防止害虫从杂木林迁入。

2.保护和利用天敌 肉桂泡盾盲蝽的自然天敌有跳小蜂、胡蜂、螳螂、蚂蚁等。

3.药剂防治 在肉桂新梢抽发时，用马拉硫磷、敌百虫、辛硫磷等药剂，重点喷施嫩梢、嫩枝、枝杈等部位。

肉桂突细蛾

肉桂突细蛾（*Gibbvalva quadrifasciata*）属鳞翅目细蛾科，主要分布于海南、广东、广西、四川、云南、江西、上海等省份。

为害特点 以初孵幼虫为害新生叶，其钻入叶表皮取食叶肉，形成黄褐色虫道。随虫龄增长，虫道扩大为虫斑，一片叶通常有虫斑3～5个，多者6～8个，

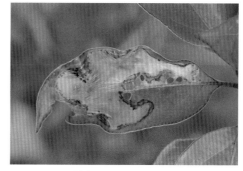

肉桂突细蛾为害肉桂叶片

并能相互连通，虫斑面积可达叶面积的 1/2 以上，造成叶片枯黄凋落，严重影响肉桂植株生长。

形态特征

成虫：体长 3 ～ 6 毫米，翅展 7 ～ 8 毫米，体色灰白相间，头和颊白色，唇须白色，有不明显的淡灰斑点。触角丝状，长度超过体长，基部为白色，其余为褐色。前翅狭长，白色，具 4 条黄褐至褐色斜斑，翅端部有紫色小点。后翅灰色，狭窄，全翅边缘密生灰白色缘毛。胸足白色，具黑点和灰色斑，胫节端部具刺毛。

肉桂突细蛾成虫

卵：椭圆形，直径约 0.2 毫米，乳白色，近孵化时颜色变黄。

幼虫：初孵幼虫体扁，乳白色，上颚发达，体色随虫龄增加而变深。老熟幼虫体长 5.0 ～ 6.5 毫米，宽 0.7 ～ 1.1 毫米，胸足 3 对，腹足 3 对，臀足 1 对。

蛹：长 4 ～ 6 毫米，初为棕红色，后转为褐色。离蛹，前额上有一黑色角状突起，蛹外被淡黄色薄茧。

发生特点

发生代数	1 年发生 7 ～ 8 代
越冬方式	以蛹在地表落叶、杂草和树皮缝中结茧越冬
发生规律	翌年 2 月底至 3 月初，成虫羽化后上树交配产卵，3 月上旬为成虫羽化盛期。主要为害 3 ～ 4 年生未成年肉桂林，5 年以上成年林受害轻
生活习性	卵散产于当年生初展的嫩叶表面

防治适期　卵孵化盛期至低龄幼虫期。

防治措施

1. 农业防治　虫量少时，人工摘除受害嫩叶进行集中处理。

2. 保护和利用天敌　天敌有姬小蜂、扁股小蜂等。

3. 药剂防治　防治适期对新生叶片可喷施阿维菌素。

肉桂双瓣卷蛾 ·····························

肉桂双瓣卷蛾（*Polylopha cassiicola*）属鳞翅目卷蛾科，主要分布于广西、广东和福建，寄主有肉桂、樟树和黄樟。

为害特点 以幼虫大量钻食肉桂嫩梢，造成新梢大量死亡，主梢不断枯死，侧枝丛生。

形态特征

成虫：体长3～5毫米，翅展11毫米，体灰色，前翅近矩形，有三排竖鳞，前翅后缘处有一明显凹陷，后翅后缘密生长缘毛，雄性外生殖器的抱器呈双瓣状。

卵：初产时乳白色，圆形，直径0.1毫米，近孵化时变黑褐色。

幼虫：共4龄。老熟幼虫体长9毫米，头部和尾部黑褐色，前胸背板淡黄色，正中央有一长方形黑褐色斑。

蛹：被蛹，长约6毫米。初期黄褐色，后颜色逐渐变深，近羽化时变黑色。腹节第2～9节背面有一横列黑褐色短突刺，腹末有钩状臀棘4根。

新梢死亡

肉桂双瓣卷蛾成虫

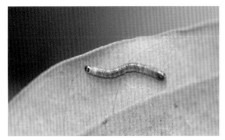

肉桂双瓣卷蛾幼虫

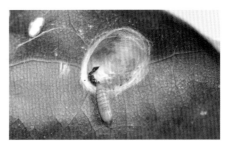

肉桂双瓣卷蛾蛹

发生特点

发生代数	1年发生6～7代
越冬方式	以蛹在地表枯叶、杂草丛中等处越冬
发生规律	第1代幼虫3月下旬开始出现，第2～4代世代重叠明显，每个世代历期约30天，至8月下旬、9月上旬结束，9月下旬幼虫数量减少，10月底幼虫从受害梢内钻出吐丝坠地，开始化蛹越冬。全年在6～8月为害最为严重，主要为害1～4年生未成年林，5年以上林分受害较轻
生活习性	成虫具趋嫩梢产卵习性，一龄幼虫一般为害嫩芽及嫩叶柄，二龄幼虫蛀入嫩梢为害，嫩梢转浓绿后，初孵幼虫便不能入侵

防治适期 嫩梢长约2厘米时是防治关键时期。

防治措施

1.农业防治　①每年3～4月加强水肥、修枝、除草管理，促进新梢早生快发，使其与幼虫为害高峰期错开，减少幼虫为害。②2月和11月剪除被害梢，集中深埋处理。

2.保护和利用天敌　保护日本肿腿蜂、卷蛾啮小蜂和卷蛾绒茧蜂等自然天敌，也可以人工释放螟黄赤眼蜂。

3.利用白僵菌防治　4月中下旬至5月上旬，即双瓣卷蛾老熟幼虫吐丝下垂落地、寻找地方化蛹时，于早上朝露未干时，用白僵菌进行喷粉或施放粉炮防治。

4.化学防治　在防治适期对新梢喷施氯虫苯甲酰胺、氯虫·噻虫嗪或吡虫啉等药剂，夏梢抽梢时再喷施1次。

肉桂木蛾 ·······

　　肉桂木蛾（*Thymiatris loureiriicola*）又名肉桂蠹蛾，属鳞翅目木蛾科，主要为害肉桂、樟树、楠木等植物，在我国华南肉桂产区普遍发生。

为害特点　幼虫钻蛀茎秆，主要为害新梢，还可取食附近树皮和树叶，被害枝干易折断或干枯，虫口密度大时，严重影响肉桂生长。

肉桂木蛾幼虫钻蛀茎秆为害

形态特征

　　成虫：体长14～22毫米，翅展30～50毫米，体银灰色。头黄褐色，触角丝状。前翅银白色，近长方形，中室端部有一小块灰黑色斑，前翅宽1/3处有灰黑色带，顶角及外缘处黄褐色，翅面具黑色小横脉斑，后翅灰褐色。

　　卵：长椭圆形，形如"汤罐"，一端平截，一端钝圆，长约1毫米。初产时为黄绿色，一天后变为红色，近孵化时呈灰白色，卵壳表面有格网状纹。

　　幼虫：老熟幼虫漆黑色，体长24～26毫米，体上有白色刚毛，体壁大部分骨化。

　　蛹：黄褐色，长19～25毫米，头部顶端具一对角状小突起。

肉桂木蛾成虫

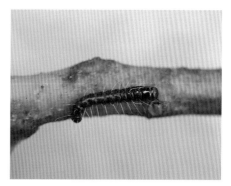

肉桂木蛾幼虫

发生特点

发生代数	在广东、广西、福建、浙江等地区1年发生1代，海南1年可发生2代
越冬方式	以老熟幼虫在蛀道内越冬
发生规律	3月中旬老熟幼虫在肉桂茎内化蛹，4月中下旬成虫开始产卵，5月是产卵盛期，5月下旬至6月为幼虫盛孵期，幼虫历期达300天以上。肉桂木蛾主要为害4年生以上的肉桂林
生活习性	幼虫吐丝缀类和碎屑，呈沙丘状（即"堆沙"），堵住洞口，夜间出洞将树叶拖至洞口取食，一头幼虫可转蛀3～4根枝干

防治适期 卵孵化盛期至幼虫钻蛀为害前。

防治措施

1.杀灭幼虫　①结合林木抚育管理或桂枝采收，剪除被蛀枝，消灭枝内幼虫。②根据树杈处的"堆沙"找出蛀孔，灌注杀虫剂毒杀蛀道内幼虫。③卵孵化盛期喷施氯虫苯甲酰胺等药剂。

2.保护和利用天敌　常见天敌有姬蜂、小茧蜂、寄生蝇等。此外，林间常见一种在植株上做泥巢的黄蚂蚁也是该虫的重要捕食性天敌。

第三节　厚　　朴

厚朴（*Magnolia officinalis*）为木兰科厚朴属落叶乔木，其干燥干皮、根皮及枝皮可入药，主治湿滞伤中、脘痞吐泻、食积气滞、腹胀便秘、痰饮喘咳。主产于四川、湖北、浙江、福建、湖南、贵州等省份。主要病虫害有根腐病、藤壶蚧、桑寄生等。

厚朴根腐病

厚朴根腐病在我国各厚朴种植区均有发生，是厚朴苗期为害较为严重的根部病害。

田间症状　发病初期侧根变褐、腐烂，逐渐向主根蔓延，最后导致全根腐烂，外皮黑色。随着根部腐烂程度的加剧，地上茎叶自下向上枯萎，最终全枝枯死。拔出病株后，可见主根上部和根茎地下部变为黑色，病部凹陷，病根维管束呈褐色。

发生特点

病害类型	真菌性病害
病原	以微胶镰刀菌（*Fusarium subglutinans*）为主，与尖镰刀菌（*F. oxysporium*）等其他镰刀菌复合侵染导致
越冬场所	病菌在土壤中和病残体上越冬
传播途径	通过风雨传播
发病规律	从苗木根部侵入，于6月中下旬开始发病，7～8月为发病盛期，9月以后，随着温度下降，苗木木质化程度增高，发病基本停止

防治措施

1.科学选地　选择在土层深厚的沙壤土，并且排水良好、地下水位低的向阳地块育苗。

2.健身栽培　合理密植，及时除草施肥，合理布局排水渠道，防止内涝，一旦发现病株马上拔除并集中销毁，撒生石灰消毒，同时挖出附近的病土换上新土。

3.药剂防治　发病时，喷洒波尔多液；或选用春雷霉素、多菌灵或甲基硫菌灵等药剂灌根，每隔10天灌1次，连灌3次。

厚朴枝角叶蜂 ···

厚朴枝角叶蜂（*Cladiucha magnoliae*）为叶蜂科枝角叶蜂属，属寡食性害虫。

为害特点 以幼虫群集为害，仅取食厚朴叶片。一旦发生可将整株叶片吃光，且幼虫为害期长，严重威胁厚朴产业的发展。

形态特征

成虫：雌虫体长13～14毫米，漆黑色有光泽。触角锯齿状，黑色，前段腹面感觉器白色。前胸背板后侧边缘有白色小

厚朴枝角叶蜂幼虫取食叶片

斑，第1节背板侧面有大白斑。3对足黑色，转节间断，基节外侧有一几乎贯穿外侧的狭长侧线。雄虫体长10～11毫米，触角栉齿状；前胸基板、后基节黑色，仅后胫节基部背面有白黄色小斑。其他特征同雌虫。

幼虫：共6龄。体长19～24毫米，头宽3毫米，头部漆黑色。胸腹部为淡土黄色，体背面土黄色。胸部黄色，3对胸足较发达，足的内侧黄色，外侧基部与爪黄色，中部褐色。腹部10节，各节有细小横纹。

发生特点

发生代数	在湖北1年发生1代
越冬方式	通过筑土室变为预蛹滞育越冬
发生规律	成虫于5月中旬羽化出土后交尾，并于1周后产卵，卵期约7天，之后幼虫开始为害，8月上旬开始越冬
生活习性	卵产于叶背面侧脉两侧表皮之下，有的产在主脉两侧表皮之下，产卵痕明显隆起，成虫边产卵边排泄粪便；幼虫群集为害；预蛹入土深度10～60毫米，蛹室水平分布，一般在树根周围100毫米范围内

防治措施

1.农业防治 ①营造混交造林，增强抵抗害虫能力。②及时清理地面

杂草，并在入冬前进行翻土。

2.药剂防治　可喷施氯虫苯甲酰胺防治。

藤壶蚧 ······

藤壶蚧（*Asterococcus muratae*）属半翅目壶蚧科，在国内主要分布在上海、江苏、浙江、江西、贵州、湖南、湖北等省份。除为害厚朴外，还可为害木兰、广玉兰、樟树、柑橘、茶、梨、枇杷等，可诱发严重的煤污病。

为害特点　雌成虫产卵于介壳之下，虫体固着枝干上，以针状口器插入皮内吸食汁液。随着虫口密度的增加为害面积不断扩大。成虫先寄生在树枝上，后逐渐向下部主干蔓延，受害的厚朴树逐渐枯死，布满介壳虫。有时可引发煤污病使枝干变黑，严重时覆盖整株树，影响树木的正常生长。

形态特征

雌成虫：蜡壳半球形，棕褐色，较坚硬，长4～6毫米，高3～4毫米；整个蜡壳犹如藤条编成的水壶，周围有放射状白色蜡带。剥开蜡壳可见呈梨形土黄色的雌成虫，体长2～5毫米。

若虫：初孵若虫椭圆形，长径0.76～0.80毫米，短径0.25～0.32毫米。

蛹：梭子形，杏黄色，长3毫米。

发生特点

发生代数	1年发生1代
越冬方式	以受精雌成虫在枝干上越冬
发生规律	卵期5月上旬至6月上旬，孵化期5月下旬至6月上旬，一龄若虫期5月下旬至7月下旬，二龄若虫期7月下旬至9月上旬，雄蚧蛹出现于8月中旬至9月下旬，雄成虫9月中旬至10月上旬羽化，雌蚧于同期变为成虫，受精后继续为害直到越冬，4～9月是为害期，尤其以8月上、中旬二龄若虫大量出现
生活习性	一龄若虫在树枝上活动取食，二龄固定危害

防治适期　化学防治最佳时期一般在初孵期（5月下旬至6月上旬）、若虫发生盛期（7月下旬至9月上旬）。

防治措施

1.健身栽培　①采用混交造林（与其他针叶、阔叶树或与杜仲、黄连、贝母等药材混交）方式可减轻藤壶蚧的发生量。②在厚朴林下种植三叶草等蜜源植物，保护和利用天敌（如花翅跳小蜂、黑缘红瓢虫等），可抑制多种厚朴虫害的大发生。③在秋冬、早春剪除越冬虫枝或刮除枝干上的介壳虫，集中烧毁。

2.药剂防治　用灭蚧灵、吡虫啉打孔注入。

桑寄生 ···

桑寄生（*Taxillus chinensis*）属桑寄生科半寄生性植物，其吸器吸附在厚朴枝条上，以吸收寄主的水分和营养而生存，主要为害老树和生长不良的树木。

田间症状　桑寄生根出条发达，叶片椭圆形，对生，全缘，有纸质短柄；

桑寄生为害状

花两性或单性，总状花序，子房下位，花色淡红。浆果椭圆形，具小疣状突起。寄生初期为害嫩枝，受害处略肿大，后期其吸盘向内延伸，使寄生枝条受刺激膨大形成鸡腿状长瘤。桑寄生利用自身的吸盘，吸收厚朴树枝营养，影响其新陈代谢和生长。受害植株生长衰弱，落叶早，不开花或迟开花，易落果或不结果，严重时可导致整株死亡。

发生特点　桑寄生于秋冬形成颜色鲜艳的浆果，招引鸟类啄食传播。种子经鸟类消化道随粪便排出体外，粘在树枝上。在适宜条件下，种子萌发长根，胚根与寄主接触形成吸盘，内部生吸根侵入树皮外层，并向内层扩展，产生垂直的次生吸根，穿过形成层，进入木质部，吸取寄主水分和无机盐，靠自身叶绿素行光合作用，不断生长发育，产生新枝。

防治措施

1.砍除寄生枝　结合冬、春季修剪和管理，砍除寄生枝，并在果实成熟前砍除寄生枝及根出条。

2.药剂防治　树杈打孔注射草甘膦异丙胺盐或喷施乙草胺、硫酸铜。

第四节　牡　丹

牡丹（*Paeonia suffruticosa*）为毛茛科多年生木本植物，以根皮入药，有清热凉血、活血化瘀的功效。牡丹在全国各地均有栽培，主产于安徽、四川、甘肃、陕西、湖北、湖南、山东、贵州等省份。主要病虫害有早疫病、灰霉病、猝倒病、根腐病、地下害虫等。

牡丹早疫病

田间症状　主要为害叶片，也可为害叶柄、茎等部位。被害叶片布有深褐色或黑色、圆形至椭圆形的小斑点，逐渐扩大后成为 1 ～ 2 厘米的病斑，病斑边缘深褐色，中央灰褐色，具明显的同心轮纹，有的边缘可见黄色晕圈，潮湿时病斑表面生有黑色霉层，即病菌的分生孢子梗和分生孢子。严重时病斑相互连接形成不规则形大病斑，病株叶片枯死、脱落。

牡丹早疫病叶部症状

发生特点

病害类型	真菌性病害
病原	黑座假尾孢（*Pseudocercospora variicola*）
越冬场所	以菌丝体和分生孢子在病残体、土壤、种子上越冬，种子内外均可带菌
传播途径	通过风雨传播
发病规律	不详

防治措施 可选用药剂包括嘧菌酯、苯醚甲环唑、啶酰菌胺、异菌脲、氢氧化铜、代森锰锌、百菌清、咪鲜胺等，常发地区要注意提前预防，可选用嘧菌酯和百菌清进行第一次预防，施药 7 ～ 10 天后，选择苯醚甲环唑和咪鲜胺进行第二次防控，如果病害还有蔓延，可选用苯醚甲环唑和嘧菌酯进行第三次防控。

牡丹灰霉病

田间症状　牡丹茎、叶、花等部位均可被感染。叶片染病多从叶尖及叶缘开始，初为水渍状，后颜色变淡，呈淡褐色，稍有深浅相间的轮纹，叶片病斑多呈V形，扩大后呈不规则形，潮湿时病斑上有淡灰色稀疏的霉层。叶柄染病，初生褐色、水渍状病斑，后病部缢缩、变细，叶柄折断。初花期即可发生灰霉病，病菌孢子多从花瓣或柱头处侵染，开始时花瓣上出现褐色小斑点，后逐渐扩大到整个花瓣，可见淡灰褐色霉层，后全花感染，并通过花梗蔓延到与茎的连接处，并沿着茎部蔓延，潮湿时果面上有大量灰色霉层及黑色颗粒状菌核。

牡丹灰霉病花和叶部症状

发生特点

病害类型	真菌性病害
病原	灰葡萄孢（*Botrytis paeoniae*）
越冬场所	以菌丝体、菌核或分生孢子在土壤或病残体上越冬

（续）

传播途径	通过风雨传播
发病规律	8月中旬是牡丹灰霉病孢子扩散高峰期，灰霉病发生与气象因子密切相关，病情指数随着气温升高、降水量增多而上升。低温潮湿、阴雨连绵利于发病

防治措施

1.清洁田园　秋季彻底清除落叶，春季发现病叶，立即摘除。清理时注意将发病植株或组织装入密封袋，避免孢子经过人为传播。

2.药剂防治　可选用腐霉利、乙烯菌核利、嘧菌环胺、嘧霉胺、异菌脲、百菌清、代森联、咪鲜胺、苯醚甲环唑等药剂。对前期发病较重的田块，可在孕蕾前期选用百菌清和苯醚甲环唑进行预防。

牡丹猝倒病

田间症状　幼苗在出土前受害，造成胚轴和子叶腐烂。幼苗出土后受害，首先表现为幼茎基部受害，病部水渍状，后很快变为淡褐色或黄褐色，绕茎扩展，病茎干枯缢缩为线状，幼苗自茎基部猝倒，伏于地面。

牡丹猝倒病病苗

发生特点

病害类型	真菌性病害
病原	腐霉属真菌（*Pythium* spp.）
越冬场所	以卵孢子或菌丝体在病株残体上越冬，也可在土壤中长期存活
传播途径	通过土壤、种子、未腐熟的农家肥、雨水或灌溉水、农机具传播
发病规律	不详

防治措施

1.土壤处理　选用无病新土，不要用带菌的田块进行育苗。施用甲霜灵、代森锰锌或咯菌腈拌土，均匀撒在畦面上，将土壤用水浇透。

2.种子处理　种子用50℃温水消毒20分钟，用咯菌腈、精甲·咯菌腈、吡唑·代森联进行拌种或将药剂按一定倍数稀释后浸种10分钟后阴干。

3.药剂防治　可选用精甲霜灵、百菌清、精甲·百菌清、精甲·咯菌腈、精甲霜·锰锌、双炔酰菌胺、吡唑·代森联等按照一定的稀释倍数进行灌根或喷雾。

牡丹根腐病

田间症状　感病初期，根皮产生黑斑，以不规则形或成环形扩展。大部分根感染时，根皮呈褐色腐烂，接近腐烂的木质部呈黄褐色。主根、侧根均能被感染。地上叶片变小、发黄或泛红，脉间失绿，长势衰弱，严重时导致萎蔫枯死。

牡丹根腐病症状

发生特点

病害类型	真菌性病害
病原	镰刀菌属真菌（*Fusarium* spp.）等
越冬场所	以菌丝或厚垣孢子在土壤、病残体、种子及未腐熟的带菌粪肥中越冬

（续）

传播途径	通过气流、雨水、灌溉水传播
发病规律	不详

防治措施

1.土壤消毒　避免连作，选用噁霉灵、苯醚甲环唑、代森锰锌等药剂拌土，均匀撒在畦面上，将土壤用水浇透。

2.种苗处理　选用无病的种苗，并用苯醚·咯菌腈、精甲·咯菌腈、吡唑·代森联进行拌种或将药剂按一定倍数稀释后浸种10分钟后阴干。

3.药剂防治　选用苯醚甲环唑、氰烯菌酯、咯菌腈、嘧菌酯等按照一定的稀释倍数进行灌根或喷雾。

第六章
常见地下害虫及其
综合防治

第一节　常见地下害虫

金针虫

金针虫属鞘翅目叩头甲科，常见沟金针虫（*Pleonomus canaliculatus*）和细胸金针虫（*Agriotes fusicollis*），可为害西洋参、人参等多种植物。

为害特点　主要以幼虫为害，能钻入参茎或根中，将茎或根蛀空，使植株枯死。

形态特征

金针虫为害人参

1.沟金针虫

成虫：体长14～18毫米，头部扁平呈三角形凹陷。

卵：近椭圆形，长0.5～0.8毫米，乳白色。

幼虫：初孵幼虫为白色，老熟后黄褐色，胸腹背面有1条纵沟。

蛹：纺锤形，乳白色。

2.细胸金针虫

成虫：体长8～10毫米，前胸背板略呈圆形，鞘翅上有9条纵列的刻点。

卵：圆形，长0.5～1.0毫米，乳白色。

幼虫：初孵幼虫白色半透明，老熟后淡黄色，尾节背面两侧各有一个褐色圆斑，并有4条褐色纵纹。

蛹：纺锤形，初乳白色，后黄色。

发生特点

发生代数	沟金针虫2～3年完成1代，细胸金针虫大多2年完成1代
越冬方式	沟金针虫和细胸金针虫以成虫和老熟幼虫越冬
发生特点	沟金针虫越冬成虫在春季地温达10℃开始为害，15～17℃达活动高峰，地温升至24℃时潜入深土层越夏；细胸金针虫越冬成虫在春季，地温升至5～11℃开始活动，在地温15℃时，达到活动高峰
生活习性	幼虫期全部在土壤中度过，成虫昼伏夜出。早春多雨，土壤湿润，有利于沟金针虫幼虫活动，干旱年份不利其活动；细胸金针虫幼虫喜低温和潮湿土壤，耐低温能力强

易混淆害虫

种类	沟金针虫	细胸金针虫
体色、体形	体金黄色，并有同色细毛，侧面较背面多，体形较扁圆	体淡黄色，体形较细长，圆筒形，有光泽
体长和宽	末龄幼虫体长20～30毫米，最宽处约4毫米，体节宽大于长	末龄幼虫体长23毫米，宽约1.3毫米
体背	体背每节正中央有一条细纵沟	体背无纵沟，第1胸节较第2、3节稍短，第1～8腹节略等长
尾节	尾节末端分两叉，并稍向上弯曲，每叉内侧各有一个小齿	尾节末端不分叉，圆锥形，近基部两侧各有一个圆斑，并有4条褐色纵纹

蝼蛄

蝼蛄俗名地狗、拉拉蛄、扒扒狗，属直翅目蝼蛄科。在我国为害西洋参等中药材的主要有华北蝼蛄（*Gryllotalpa unispina*）、东方蝼蛄（*G. orientalis*）。

为害特点 以成虫和若虫为害参苗，咬食嫩茎基部和参根，造成缺苗。为害时用口器和前足将嫩茎或根咬断，将其撕成乱麻状，并在土中做隧道，影响幼根生长，严重的也会造成枯苗。

形态特征

1. 东方蝼蛄

成虫：体长30～35毫米，体瘦小，淡黄褐色或暗褐色，腹部末端近纺锤形，后足胫节背面内侧有3～4个背刺。

卵：椭圆形，初产时长2.8毫米，乳白色，后变黄褐色，孵化前长4毫米，变暗紫色。

若虫：二至三龄后体形与成虫相似。

2. 华北蝼蛄

成虫：体长36～56毫米，体肥大，黄褐色，腹部末端近圆筒形，后足胫节背面内侧有1～2个背刺或消失。

卵：椭圆形，比东方蝼蛄卵小，初产时长1.6～1.8毫米，黄白色，后变黄褐色；孵化前长2.4～3.0毫米，呈暗灰色。

华北蝼蛄成虫

若虫：全身乳白色，渐变土黄色，五至六龄后体形与成虫相似。

发生特点

发生代数	华北蝼蛄3年发生1代，东方蝼蛄在北方2年发生1代
越冬方式	以成虫、若虫在土内筑洞越冬
发生规律	4月下旬开始活动，5～6月平均温度在15～20℃时进入为害盛期，7～8月天气炎热，成虫若虫则潜入土中越夏
生活习性	昼伏夜出，夜间10:00～11:00为活动盛期，雨后活动更盛，具有趋光性和喜湿性，对香甜物质如炒香的豆饼、麦麸及马粪等农家肥具有强烈趋性

蛴螬 ·······

蛴螬为金龟子的幼虫，主要有华北大黑鳃金龟（*Holotrichia oblita*）、暗黑鳃金龟（*H. parallela*）和铜绿丽金龟（*Anomala corpulenta*）等，属鞘翅目金龟甲科，可为害西洋参、牛蒡、菊花、益母草、黄精、白芍等。

为害特点 蛴螬主要为害植株的苗和根，可使幼苗致死，造成缺苗断垄；肉质直根受害后产生缺刻、孔洞，严重影响食用价值。

牛蒡被害状

人参被害状

麦冬被害状

白芍根被害状

形态特征 蛴螬体较粗肥，通常弯曲成C形，白色至乳黄色、黄褐色或棕褐色，皮肤柔软多皱纹，并生有细毛。腹部第3～5节粗肥隆起，呈"驼背型"。

蛴螬

发生特点

发生代数	华北大黑鳃金龟在西北、东北、华东地区2年发生1代，暗黑鳃金龟子1年发生1代，铜绿丽金龟在山东1年发生1代
越冬方式	以成虫或老熟幼虫在土中越冬
发生规律	4月底至5月初开始化蛹，5月上中旬为化蛹高峰，5月下旬为羽化高峰，6月中旬为成虫出土高峰期，7月中下旬为幼虫孵化盛期，7月中旬至9月中旬是幼虫为害盛期
生活习性	成虫在傍晚飞出取食、交尾，黎明前又钻入土中，成虫在土中产卵，具有群集性、假死性、趋光性，对未腐熟的厩肥有较强的趋性

地老虎

地老虎又名切根虫、地蚕、夜盗虫，属鳞翅目夜蛾科，常见的地老虎有大地老虎（*Agrotis tokionis*）、小地老虎（*A. ipsilon*）和黄地老虎（*A. segetum*）等，可为害益母草、人参、白术、柴胡、牡丹、桔梗、黄芪、丹参等。

小地老虎

地老虎为害白术   地老虎为害人参

地老虎为害三七

形态特征

大地老虎：末龄幼虫体长41～61毫米，黄褐色，体表皱纹多。各腹节体背前后2个毛片，大小相似。臀板除末端2根刚毛附近为黄褐色外，几乎全为深褐色，且全布满龟裂状皱纹。

小地老虎幼虫

小地老虎：末龄幼虫体长37～47毫米，头宽3.0～3.5毫米。黄褐色至黑褐色，体表粗糙，密布大小颗粒。头部后唇基等边三角形，颅中沟很短，额区直达颅顶，顶呈单峰。腹部1～8节，背面各有4个毛片，后两个比前两个大一倍以上。腹末臀板黄褐色，有两条深褐色纵纹。

黄地老虎：末龄幼虫体长33～43毫米，体黄褐色，体表颗粒不明显，有光泽，多皱纹。腹部背面各节有4个毛片，前方两个与后方两个大小相似。臀板中央有黄色纵纹，两侧各有1个黄褐色大斑。腹足趾钩12～21个。

发生特点

发生代数	地老虎属于暴发性害虫，1年发生2～3代
越冬方式	以老熟幼虫和蛹在土壤中越冬

（续）

发生特点	春季雨多时，涝洼地和杂草丛生的地块发生较重，幼虫三龄前昼夜为害人参嫩叶和幼茎，三龄后昼伏夜出咬食人参苗茎
生活习性	成虫昼伏夜出，有趋光性和强趋化性，卵散产于土缝或落叶、杂草上；幼虫具假死性和迁移性

网目拟地甲 ···

网目拟地甲（*Opatrum subaratum*）又称沙潜，幼虫称为伪金针虫，属鞘翅目拟步甲科，广泛分布于我国北方干旱地区。

为害特点 成虫、幼虫都可为害，食性很杂，成虫在地面为害植株幼芽和幼苗；幼虫在土里为害作物的种子及幼根。干旱地区发生较为普遍，常造成缺苗断垄，甚至毁种。

形态特征

成虫：体长10毫米，呈椭圆形，黑色。头部黑褐色，触角黑色，11节，棍棒状。在通常情况下，鞘翅上附有泥土，因而看起来呈灰色。鞘翅甚长，将腹节完全遮盖。鞘翅除刻点外，有7条隆起纵线，两鞘翅后缘隆起线合成1条，每条纵隆线两侧有突起5～8个，似网格状。

幼虫：体细长，黄褐色，共12节，末龄幼虫约20毫米，与金针虫相似，体呈深灰黄色。前足较中、后足长而粗大，腹末节小。

网目拟地甲成虫

网目拟地甲幼虫

发生特点

发生代数	在华北地区1年发生1代
越冬方式	以成虫在土中及枯草落叶下越冬
发生规律	成虫活动与温度密切相关，当地温8℃时则能微动，15℃开始爬行，20～32℃最为活跃。在山西，一般4月是为害盛期，5月上中旬开始出现幼虫，6月上中旬开始见蛹，蛹期约10天，7～8月为羽化期
生活习性	成虫喜干燥，一般多生活于旱地，特别是地边荒草田埂处，多潜伏在植物根际和郁蔽处，早晚活动，但不能飞翔。有假死性，受惊扰时，能从腹部末端排出具有芳香味液体。对豆饼、花生饼有趋性，耐饥力强

易混淆害虫

　　网目拟地甲成虫外形与步行甲相似，主要区别是：网目拟地甲足的跗节为5-5-4式，而步行甲为5-5-5式，无"叩头"构造。

　　网目拟地甲幼虫似金针虫，主要区别是：网目拟地甲幼虫有上唇，气门圆形，第一对胸足特长。

第二节　地下害虫综合防治

　　地下害虫的防治要从农田生态系统的整体出发，采用农业防治与化学防治相补充，防治成虫与防治幼虫相结合，综合运用物理、生物等防治手段，将地下害虫控制在为害允许水平以内。

　　1.农业防治　①结合农事操作，在深秋或初冬深耕翻土细耕，把害虫的卵、蛹、幼虫翻到土表或深埋，改变其生活环境而致其死亡或被禽鸟采食。②在害虫产卵期和蛹期，适当增加松土次数，可将害虫的卵、蛹暴露在土壤表面或深埋于土壤之中，使其无法孵化、羽化。③结合翻地、碎土、做畦、松土等作业进行人工捕杀。④彻底清除田间与田边的杂草、枯枝、落叶、残株。⑤合理轮作倒茬，尤其是水旱轮作可以明显减轻地下害虫的为害。⑥施用经过充分腐熟的有机肥。

2.灯光诱杀　蛴螬、蝼蛄等成虫对黑光灯有很强的趋向性，可采用频振式杀虫灯诱杀。

3.化学防治　使用化学防治时，应对症下药、适时用药、把握合理用药量和用药次数、选择适当的施药方法及混用种类。科学使用高效、低毒、低风险农药，禁止使用剧毒、高毒、高残留农药。

①毒饵诱杀。用1千克麦麸或豆饼炒香后放入一有盖的容器内，然后用温水融化50%辛硫磷100克，倒入该容器内，再加入100克红糖，用盖盖住容器，闷3～5分钟制成毒饵。于傍晚将毒饵分成若干小份，撒放在药田的畦、沟、行间，可诱杀地老虎、蝼蛄等地下害虫，次日清晨收捕害虫，集中处理。

②撒施毒土。用2%联苯·噻虫胺颗粒剂1 000～1 500克/亩，拌细土后沟施，或50%辛硫磷乳油250毫升加湿润细土10～15千克，拌匀，黄昏时，撒于被害田，能有效防治蝼蛄、蛴螬、金针虫等地下害虫。蛴螬主要寄生在未腐熟的粪肥中，因此在使用生粪时，可用50%辛硫磷乳油500倍液喷洒拌匀闷24小时即可将其杀死。对虫害率较高的地块栽种后可用50%辛硫磷乳油1 000倍液或生物制剂白僵菌防治低龄幼虫。

③喷施土表。傍晚使用20%氯虫苯甲酰胺悬浮剂10克和4.5%高效氯氰菊酯水乳剂40克或4.5%高效氯氰菊酯水乳剂40克和噻虫嗪水乳剂10克喷撒土表，可有效防治苗期的多种地下害虫。

温馨提示

　　防治成虫应抓住成虫产卵前期，利用成虫大量出土取食、交配时机，进行灯光诱杀、人工捕捉、药剂防治。

主要参考文献

巢建国，张永青，2019.药用植物栽培学[M].北京:人民卫生出版社.

陈菁瑛，陈景耀，2017.南方药用植物病虫害防治[M].北京:中国农业出版社.

陈君，丁万隆，程惠珍，2019.药用植物保护学[M].北京:电子工业出版社.

中国农业科学院植物保护研究所，中国植物保护学会，2015.中国农作物病虫害[M].北京:中国农业出版社.

韩金声，1990.中国药用植物病害[M].长春:吉林科学技术出版社.

图书在版编目（CIP）数据

常见中药材病虫害绿色防控彩色图谱／全国农业技术推广服务中心组编．卓富彦　刘万才　赵中华　主编 —北京：中国农业出版社，2023.12

（扫码看视频·病虫害绿色防控系列）

ISBN 978-7-109-31121-3

Ⅰ.①常…　Ⅱ.①全…　Ⅲ.①药用植物－病虫害防治－无污染技术－图谱　Ⅳ.①S435.67-64

中国国家版本馆CIP数据核字（2023）第176766号

中国农业出版社出版

地址：北京市朝阳区麦子店街18号楼

邮编：100125

责任编辑：郭晨茜

版式设计：王　晨　　责任校对：吴丽婷　　责任印制：王　宏

印刷：北京印刷一厂

版次：2023年12月第1版

印次：2023年12月北京第1次印刷

发行：新华书店北京发行所

开本：880mm×1230mm　1/32

印张：9.25

字数：257千字

定价：68.00元